自然科学基础必读

王子安◎主编

汕頭大學出版社

图书在版编目（C I P）数据

自然科学基础必读 / 王子安主编. -- 汕头 : 汕头大学出版社，2012.5（2024.1重印）
ISBN 978-7-5658-0776-3

Ⅰ. ①自… Ⅱ. ①王… Ⅲ. ①自然科学－普及读物 Ⅳ. ①N49

中国版本图书馆CIP数据核字(2012)第096732号

自然科学基础必读

主　　编：王子安
责任编辑：胡开祥
责任技编：黄东生
封面设计：君阅天下
出版发行：汕头大学出版社
　　　　　广东省汕头市汕头大学内　邮编：515063
电　　话：0754-82904613
印　　刷：三河市嵩川印刷有限公司
开　　本：710 mm×1000 mm　1/16
印　　张：16
字　　数：90千字
版　　次：2012年5月第1版
印　　次：2024年1月第2次印刷
定　　价：69.00元
ISBN 978-7-5658-0776-3

前言

浩瀚的宇宙,神秘的地球,以及那些目前为止人类尚不足以弄明白的事物总是像磁铁般地吸引着有着强烈好奇心的人们。无论是年少的还是年长的,人们总是去不断的学习,为的是能更好地了解与我们生活息息相关的各种事物。身为二十一世纪新一代的青年,我们有责任也更有义务去学习、了解、研究我们所处的环境，这对青少年读者的学习和生活都有着很大的益处。这不仅可以丰富青少年读者的知识结构，而且还可以拓宽青少年读者的眼界。

自然科学是推动人类技术文明的重要手段。在自然科学的宏大阵营里，包含着物理、化学、生物、医学、数学、天文、自然地理、技术科学等科学良将。其中，物理解读自然之力，化学解读自然之变，生物解读万物生灵，医学解读生命之本，数学解读数形法则，自然地理解读资源环境，天文解读宇宙奥妙，技术科学则直接推动科技进步。本书即是讲述了自然科学的相关知识，其中包括数学、天文学、物理学、化学、医学、地理学、地质学。青少年学生阅读此书后，一定会从中了解到：正是由于各门自然科学之间的彼此互动、交融，最终才构建起了恢宏的科技大厦。

综上所述，《自然科学基础必读》一书记载了自然科学知识中最精彩的部分，从实际出发，根据读者的阅读要求与阅读口味，为读者呈现最有可读性兼趣味性的内容，让读者更加方便地了解历史万物，从而扩大青少年读者的知识容量，提高青少年的知识层面，丰富读者的知识结构，引发读者对万物产生新思想、新概念，从而对世界万物有更加深入的认识。

此外，本书为了迎合广大青少年读者的阅读兴趣，还配有相应的图文解说与介绍，再加上简约、独具一格的版式设计，以及多元素色彩的内容编排，使本书的内容更加生动化、更有吸引力，使本来生趣盎然的知识内容变得更加新鲜亮丽，从而提高了读者在阅读时的感官效果，使读者零距离感受世界万物的深奥、亲身触摸社会历史的奥秘。在阅读本书的同时，青少年读者还可以轻松享受书中内容带来的愉悦，提升读者对万物的审美感，使读者更加热爱自然万物。

尽管本书在制作过程中力求精益求精，但是由于编者水平与时间的有限、仓促，使得本书难免会存在一些不足之处，敬请广大青少年读者予以见谅，并给予批评。希望本书能够成为广大青少年读者成长的良师益友，并使青少年读者的思想得到一定程度上的升华。

2012年7月

目　录
contents

第一章　数　学

第二章　天文学

第三章　物理学

第四章　化　学

第五章　生命科学

第六章　医　学

第七章　地理学

第八章　地质学

第一章 数学

自然科学是研究无机自然界和包括人的生物属性在内的有机自然界的各门科学的总称。它的研究对象是整个自然界，即自然界物质的各种类型、状态、属性及运动形式。研究任务在于揭示自然界发生的现象以及自然现象发生过程的实质，进而把握这些现象和过程的规律性，以便解读它们，并预见新的现象和过程，为在社会实践中合理而有目的地利用自然界的规律开辟各种可能的途径。自然科学包括数学、力学（属于物理学）、物理学、化学、天文学、地球科学以及生命科学等。

数学是自然科学中的一种，主要研究现实世界中的数量关系和空间形式，内容包括：算术、代数与初等函数、逻辑学、平面几何、立体几何、平面解析几何、空间解析几何、微积分、高维空间函数、线性代数、概率论、数理统计、复变函数、积分变换、实变函数与泛函分析、拓扑学、数论。在这一章里，我们就来介绍一下数学的相关情况，比如有关数学概述、数学的发展、数学的分支、代表性的数学家及数学著作等。

立体几何模型

数学概述

数学是研究数量、结构、变化以及空间模型等概念的一门学科。简单地说，是研究数和形的科学。数学主要通过抽象化和逻辑推理的使用，由计数、计算、量度和对物体形状及运动的观察中产生。由于生活和劳动上的需求，即使是最原始的民族，也知道简单的计数，并由用手指或实物计数发展到用数字计数。

基础数学的知识与运用总是个人与团体生活中不可或缺的一块。其基本概念的精炼早在古埃及、美索不达米亚及古印度内的古代数学文本内便可观见。从那时开始，其发展便持续不断地有小幅的进展，直至16世纪的文艺复兴时期，因著和新科学发现相作用而生成的数学革新导致了知识的加速，直至今日。

从本质上来看，数学就是一门研究“储空”的科目。自然万物都有其存储的空间，这种现象称之为“储空”。事实上，代数就是研究“储空量”的科目；几何就是研究“储空形状”的科目。既然自然万物都是不同的储空，那么数学当然也就可以通用于所有的科目之中。如今，数学被广泛应用在世界不同的领域上，包括科学、工程、医学和经济学等。数学对这些领域的应用通常被称为应用数学，有时还会激起新的数学发现，并导致全新学科的发展。数学家也研究纯数学，也就是数学本身，而不以任何实际应用为目标。许多以纯数学开始的

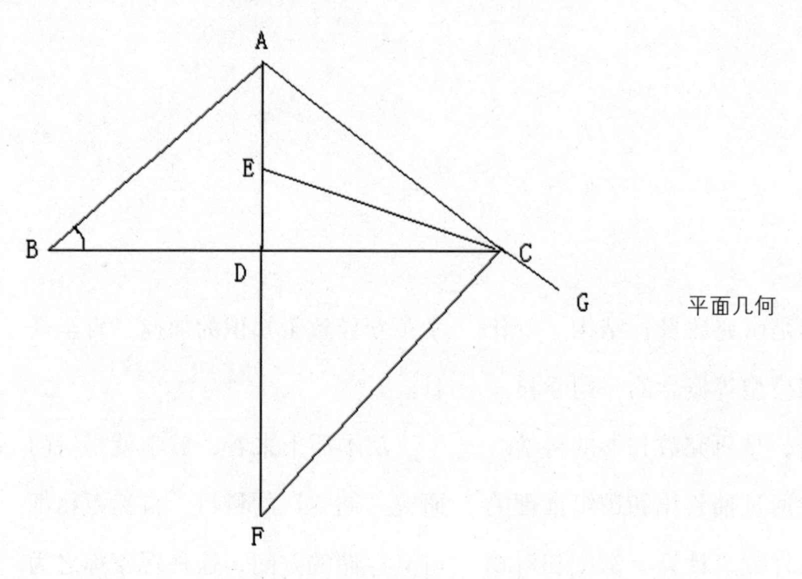

平面几何

研究，之后在许多方面都有应用。

数学主要的学科首要产生于商业上计算的需要、了解数字间的关系、测量土地及预测天文事件。这四种需要大致地与数量、结构、空间及变化（即算术、代数、几何及分析）等数学上广泛的子领域相关联。除了上述主要的关注之外，亦有用来探索由数学核心至其他领域上之间的连结的子领域：至逻辑、至集合论（基础）、至不同科学的经验上的数学（应用数学）、及较近代的至不确定性的严格学习。数学是研究数量、结构、变化以及空间模型等概念的一门学科。通过抽象化和逻辑推理的使用，由计数、计算、量度和对物体形状及运动的观察中产生。数学家们拓展这些概念，为了公式化的新猜想以及从合适选定的公理及定义中建立起严谨推导出的真理。

数学发展简史

数学，起源于人类早期的生产活动，为中国古代六艺之一，亦被古希腊学者视为哲学之起点。在希腊语中，数学即为“学问的基础”之意。数学的演进大约可以看成是抽象化的持续发展，或是题材的延展。第一个被抽象化的概念大概是数字，除了认知如何去数实际物质的数量，史前的人类亦了解了如何去数抽象物质的数量，如时间、日、季节和年。

从历史时代的一开始，数学的主要原理是为了做税务和贸易等相关计算，是为了了解数字间的关

三 角

系、测量土地、以及预测天文事件而形成的。这些需要可以简单地被概括为数学对数量、结构、空间及时间方面的研究。

到了16世纪，算术、初等代数以及三角学等初等数学已大体完备。17世纪变量概念的产生使人们开始研究变化中的量与量的互相关系和图形间的互相变换。在研究经典力学的过程中，人们开始使用了微积分的方法。随着自然科学和技术的进一步发展，为研究数学基础而产生的集合论和数理逻辑等也开始慢慢发展。

数学从古至今一直在不断地延展，且与科学有丰富的相互作用，并使两者都得到好处。数学在历史上有着许多的发现，并且直到今天都还在不断地发现中。

数学是中国古代科学中一门重要的学科，根据中国古代数学发展的特点，可以分为萌芽、体系的形成、发展、繁荣、中西方数学的融合五个阶段。

◆中国古代数学的萌芽

原始公社末期，私有制和货物交换产生以后，数与形的概念有了进一步的发展，已开始用文字符号取代结绳记事。仰韶文化时期出土的陶器，上面已刻有表示1234的符号。西安半坡出土的陶器有用1～8个圆点组成的等边三角形和分正方形为100个小正方形的图案，半坡遗址的房屋基址都是圆形和方形。为了画圆作方，确定平直，人们还创造了规、矩、准、绳等作图与测量工具。

商代中期，在甲骨文中已产生一套十进制数字和记数法，其中最大的数字为三万。与此同时，殷人用十个天干和十二个地支组成甲子、乙丑、丙寅、丁卯等60个名称来记60天的日期。在周代，又把以前用阴、阳符号构成的八卦表示八种事物发展为六十四卦，表示64种事物。公元前一世纪的《周髀算经》提到西周初期用矩测量高、深、广、远的方法，并举出勾股形的勾三、股四、弦五以及环矩可以为圆等例子。《礼记·内则》篇提到西周贵族子弟从九岁开始便要学习数目和记数方法，他们要受礼、乐、射、御、书、数的训练，作为“六艺”之一的数已经开始成为专门的课程。

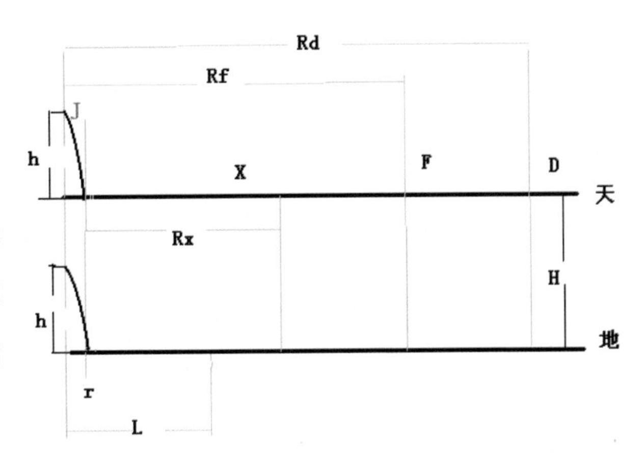

《周髀算经》

春秋战国之际，筹算已得到普遍的应用，筹算记数法已使用十进位值制，这种记数法对世界数学的发展是有划时代的意义。这个时期的测量数学在生产上有了广泛应用，在数学上也有了相应的提高。

战国时期的百家争鸣也促进了数学的发展，尤其是对于正名和一些命题的争论直接与数学有关。名家认为经过抽象以后的名词概念与它们原来的实体不同，他们提出“矩不方，规不可以为圆”，把“大一”（无穷大）定义为“至大无外”，“小一”（无穷小）定义为“至小无内”。还提出了“一尺之棰，日取其半，万世不竭”等命题。而墨家则认为名来源于物，名可以从不同方面和不同深度反映物。墨家给出了一些数学定义。例如圆、方、平、直、次（相切）、端（点）等。墨家不同意“一尺

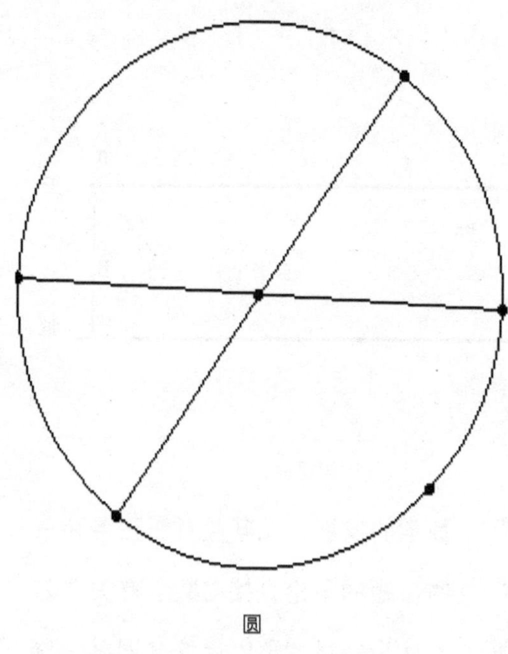
圆

之棰”的命题，提出一个“非半”的命题来进行反驳：将一线段按一半一半地无限分割下去，就必将出现一个不能再分割的“非半”，这个“非半”就是点。名家的命题论述了有限长度可分割成一个无穷序列，墨家的命题则指出了这种无限分割的变化和结果。名家和墨家的数学定义和数学命题的讨论，对中国古代数学理论的发展是很有意义的。

◆中国古代数学体系的形成

秦汉是封建社会的上升时期，经济和文化均得到迅速发展。中国古代数学体系正是形成于这个时期，它的主要标志是算术已成为一个专门的学科，并且出现了数学著作——《九章算术》。

《九章算术》是战国、秦、汉封建社会创立并巩固时期数学发展的总结，就其数学成就来说，堪称是世界数学名著。例如分数四则运算、今有术（西方称三率法）、开平方与开立方（包括二次方程数值解法）、盈不足术（西方称双设法）、各种面积和体积公式、线性方程组解法、正负数运算的加减法则、勾股形解法（特别是勾股定理和求勾股数的方法）等，水平都是很高的。其中方程组解法和正负数加减法则在世界数学发展上是遥遥领先的。就其特点来说，它形成了一个以筹算为中心、与古希腊数学完全不同的独立体系。

秦汉时期，一切科学技术都要为当时确立和巩固封建制度，以及发展社会生产服务，因此强调数学的应用性。《九章算术》有几个显著的特点：采用按类分章的数学问题集的形式；算式都是从筹算记数法发展起来的；以算术、代数为主，很少涉及图形性质；重视应用，缺乏理论阐述等。《九章算术》排除了战国时期在百家争鸣中出现的名家和墨家重视名词定义与逻辑的讨论，偏重于与当时生产、生活密切相结合的数学问题及其解法，这与当时社会的发展情况是完全一致的。

《九章算术》

在隋唐时期，《九章算术》曾传到朝鲜、日本，并成为这些国家当时的数学教科书。它的一些成就如十进位值制、今有术、盈不足术等还传到印度和阿拉伯，并通过印度、阿拉伯传到欧洲，促进了世界数学的发展。

◆中国古代数学的发展

在魏、晋时期，出现了玄学，玄学思想比较活跃，不为汉儒经学束缚；诘辩求胜，又能运用逻辑思维，分析义理，这些都从理论上有利于数学的提高。在这一时期，出现了许多著名的数学著作，如吴国赵爽注《周髀算经》，汉末魏初徐岳撰《九章算术》注，魏末晋初刘徽撰《九章算术》注、《九章重差图》等。其中，赵爽与刘徽的工作更是奠定了中国古代数学体系的理论基础。

赵爽是中国古代对数学定理和公式进行证明与推导的最早的数学家之一。他在《周髀算经》书中补充的“勾股圆方图及注”和“日高图及注”可以称得上是极为重要的数学文献。在“勾股圆方图及注”中，赵爽提出用弦图证明勾股定理和解勾股形的五个公式；在“日高图及注”中，赵爽用图形面积证明汉代普遍应用的重差公式。总之，赵爽的工作在中国古代数学发展中占有重要地位，有着开创性的意义。还有与赵

刘　徽

爽同时期的刘徽，他继承和发展了战国时期名家和墨家的思想，主张对一些数学名词尤其是重要的数学概念给以严格的定义，认为对数学知识必须进行“析理”，才能使数学著作简明严密，利于读者。他的《九章算术》注不仅是对《九章算术》的方法、公式和定理进行一般的解释和推导，而且在论述的过程中有很大的发展。刘徽创造割圆术，利用极限的思想证明圆的面积公式，并首次用理论的方法算得圆周率为 157/50 和 3927/1250。此外，刘徽还用无穷分割的方法证明了直角方锥与直角四面体的体积比恒为2:1，解决了一般立体体积的关键问题。在证明方锥、圆柱、圆锥、圆台的体积时，刘徽为彻底解决球的体积提出了正确途径。

东晋以后，中国长期处于战争和南北分裂状态。而在这一时期出现的祖冲之父子，对南方数学的发展起到了很重要的作用。他们在刘

祖冲之

徽注《九章算术》的基础上，把传统数学大大向前推进了一步。他们的数学工作主要有：计算出圆周率在3.1415926～3.1415927之间；提出祖暅原理；提出二次与三次方程的解法等。据推测，祖冲之在刘徽割圆术的基础上，算出了圆内接正6144边形和正12288边形的面积。他还用新的方法得到圆周率两个分数值，即约率22/7和密率355/113。祖冲之的这一工作，使中国在圆周率计算方面，比西方领先了大约一千年。祖冲之的儿子祖暅也是一位杰出的数学家，他总结了刘徽的有关工作，提出“幂势既同则积不容异”，即等高的两立体，若其任意高处的水平截面积相等，则这两立体体积相等，这就是著名的祖暅公理。祖暅还应用这个公理，解决了刘徽没有解决的球体积公式。

到了隋朝，由于君主隋炀帝好大喜功，大兴土木，一定程度上促进了数学的发展。唐朝初期，王孝通所著的《缉古算经》，主要讨论土木工程中计算土方、工程分工、验收以及仓库和地窖的计算问题，体现了这个时期数学的发展。王孝通在不用数学符号的情况下，立出数字三次方程，不仅解决了当时社会的需要，也为后来建立天元术奠定了基础。此外，王孝通还利用数字三次方程，解决了传统的勾股形解法。唐朝还于656年在国子监设立算学馆，设有算学博士和助教，学生30人。由太史令李淳风等编纂注释《算经十书》，作为算学馆学生用的课本，明算科考试都以这些算书为准。《算经十书》对保存数学经典著作、为数学研究提供文献资料方面起到了一定的作用。他们给《周髀算经》《九章算术》以及《海岛算经》所作的注解，都对读者有很大的帮助。隋唐时期，由于历法的需要，天算学家创立了二次

国子监

函数的内插法，丰富了中国古代数学的内容。

唐中期以后，商业繁荣，数字计算增多，而且计算方法也迫切需要改革，从《新唐书》等文献留下来的算书书目，可以看出这次算法改革主要是简化乘、除算法，唐代的算法改革使乘除法可以在一个横列中进行运算，它既适用于筹算，也适用于珠算。

◆中国古代数学的繁荣

960年，五代十国割据局面结束，北宋王朝建立。北宋的农业、手工业、商业空前繁荣，科学技术突飞猛进，火药、指南针、印刷术三大发明都是在这一时期得到了广泛应用。1084年，秘书省第一次印

刷出版了《算经十书》，1213年，鲍擀之又进行翻刻。这些都为数学发展创造了良好的条件。

这一时期出现了一批著名的数学家和数学著作，如贾宪的《黄帝九章算法细草》，杨辉的《详解九章算法》《日用算法》和《杨辉算法》，刘益的《议古根源》，秦九韶的《数书九章》，李冶的《测圆海镜》和《益古演段》，朱世杰的《四元玉鉴》《算学启蒙》等，很多领域都达到古代数学的高峰，其中一些成就也达到了当时世界数学的高峰。当时，贾宪发现了二项系数表，创造了增乘开方法。杨辉在《九章算法纂类》中载有贾宪“增乘开平方法”“增乘开立方法”；在《详解九章算法》中载有贾宪的“开方作法本源”图、“增乘方法求廉草”和用增乘开方法开四次方的例子。这两项成就对整个宋元时期数学的发展有重大的影响，其中贾宪三角比西方的帕斯卡三角形要早600多年。秦九韶是高次方程解法的集大成者，他在《数书九章》中收集了21个用增乘开方法解高次方程（最高次数为10）的问题。为了适应增乘开方法的计算程序，秦九韶把常数项规定为负数，把高次方程解法分成各种类型。当方程的根为非整数时，秦九韶采取继续求根的小数，或用减根变换方程各次幂的系数之和为分母，常数为分子来表示根的非整数部分，这是《九章算术》和刘徽注处理无理数方法的发展。在求根的第二位数时，秦九韶还提出以一次项系数除常数项为根的第二位数的试除法，这比西方最早的霍纳方法早500多年。

元代天文学家王恂、郭守敬等在《授时历》中解决了三次函数的内插值问题。秦九韶在“缀术推星”题、朱世杰在《四元玉鉴》“如象招数”题都提到内插

郭守敬塑像

法，朱世杰得到一个四次函数的内插公式。

用天元（相当于x）作为未知数符号，立出高次方程，古代称为天元术，这是中国数学史上首次引入符号，并用符号运算来解决建立高次方程的问题。现存最早的天元术著作是李冶的《测圆海镜》。从天元术推广到二元、三元和四元的高次联立方程组，是宋元数学家的又一项杰出的创造。留传至今，并对这一杰出创造进行系统论述的是朱世杰的《四元玉鉴》。朱世杰的四元高次联立方程组表示法是在天元术的基础上发展起来的，他把常数放在中央，四元的各次幂放在上、下、左、右四个方向上，其他各项放在四个象限中。朱世杰的最大贡献是提出四元消元法，其方法是先择一元为未知数，其他元组成的多项式作为这未知数的系数，列成若干个

一元高次方程式，然后应用互乘相消法逐步消去这一未知数。重复这一步骤便可消去其他未知数，最后用增乘开方法求解。这是线性方法组解法的重大发展，比西方早400多年。

宋元时期，勾股形解法也有了新的发展，朱世杰在《算学启蒙》卷中提出已知勾弦和、股弦和求解勾股形的方法，弥补了《九章算术》的不足。李冶在《测圆海镜》对勾股容圆问题进行了详细的研究，得到九个容圆公式，极大地丰富了中国古代几何学的内容。关于球面直角三角形的求解，传统历法都是用内插法进行计算。元代王恂、郭守敬等则用传统的勾股形解法、沈括用会圆术和天元术解决了这个问题。不过他们得到的仅仅是一个近似公式，还不够精确。但他们的整个推算步骤是正确无误的，从数学意义上讲，这个方法为球面三角法开辟了新的途径。

宋元时期还出现了中国古代计

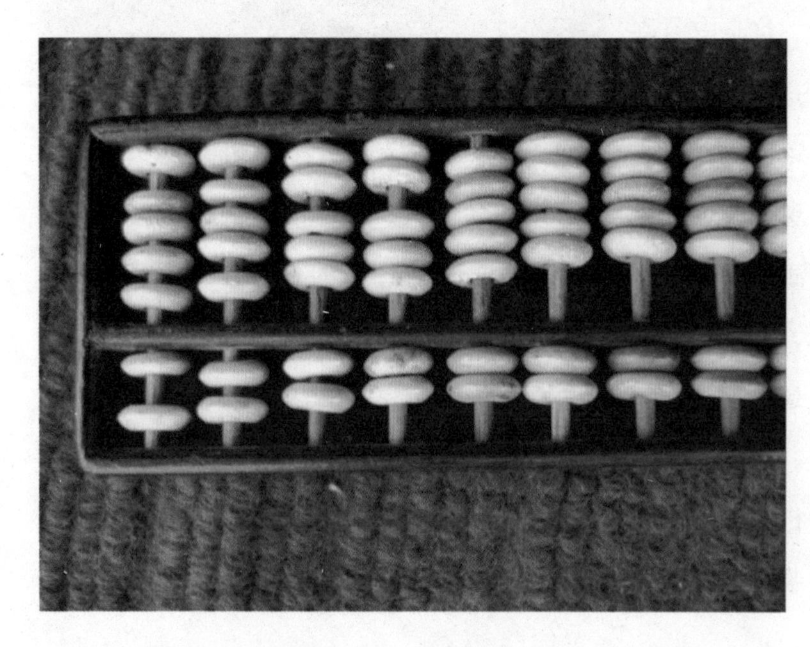

珠算盘

算技术改革的高潮，在宋元明的历史文献中载有大量这个时期的实用算术书目。这一时期改革的主要内容仍是乘除法。与算法改革的同时，穿珠算盘在北宋可能已出现。但如果把现代珠算看成是既有穿珠算盘，又有一套完善的算法和口诀，那么应该说它最后完成于元代。

宋元数学的繁荣，是社会经济发展和科学技术发展的必然结果，也是传统数学发展的必然结果。此外，数学家们的科学思想与数学思想也十分重要。宋元数学家都在不同程度上反对理学家的象数神秘主义。秦九韶虽曾主张数学与道学同出一源，但他后来认识到，只有“经世务类万物”的数学，根本不存在“通神明”的数学；莫若在《四元玉鉴》序文中提出的“用假象真，以虚问实”则代表了高度抽象思维的思想方法；杨辉对纵横图结构进行研究，揭示出了洛书的本质，有力地批判了象数的神秘主义。所有这些，都在一定程度上促进了宋元时期数学的发展。

◆中西方数学的融合

从明初到明中叶，商品经济有所发展，珠算逐渐普及。明初《魁本对相四言杂字》和《鲁班木经》的出现，说明珠算在当时已经十分流行。随着珠算的普及，珠算算法和口诀也逐渐趋于完善。例如王文素和程大位增加并改善撞归、起一口诀；徐心鲁和程大位增添加、减口诀并在除法中广泛应用归除，从而实现了珠算四则运算的全部口诀化；朱载堉和程大位把筹算开平方和开立方的方法应用到珠算，程大位用珠算解数字二次、三次方程等。

1582年，意大利传教士利玛窦到中国，1607年以后，他先后与徐

利玛窦

光启翻译了《几何原本》前六卷、《测量法义》一卷，与李之藻编译《圜容较义》和《同文算指》。1629年，徐光启被礼部任命督修历法，在他的主持下，编译《崇祯历书》137卷。《崇祯历书》主要是介绍欧洲天文学家第谷的地心学说。作为这一学说的数学基础，希腊的几何学，欧洲玉山若干的三角学，以及纳皮尔算筹、伽利略比例规等计算工具也同时介绍进来。

《几何原本》是传入的数学中对中国影响最大的一本书，它是中国第一部数学翻译著作，绝大部分数学名词都是首创，其中有许多数学名词至今仍在沿用。《几何原本》是明清两代数学家必读的数学书，对明清时期数学家的研究工作起到了一定的影响作用。

其次应用最广的是三角学，介绍西方三角学的著作有《割圆八线表》《大测》和《测量全义》。《大测》主要说明三角八线（正弦、余弦、正切、余切、正割、余割、正矢、余矢）的性质，造表方法和用表方法。《测量全义》除增加一些《大测》所缺的平面三角外，比较重要的是积化和差公式和球面三角。

《崇祯历书》

1646年，波兰传教士穆尼阁来华，跟随他学习西方科学的有薛凤祚、方中通等。穆尼阁去世后，薛凤祚根据其所学的内容，编成《历学会通》，想把中法西法融会贯通起来。《历学会通》中的数学内容主要有《比例对数表》《比例四线新表》和《三角算法》。前两书是介绍英国数学家纳皮尔和布里格斯发明增修的对数。后一书除《崇祯历书》介绍的球面三角外，尚有半角公式、半弧公式、德氏比例式、纳氏比例式等。方中通所著《数度衍》对对数理论进行了一定的解释，对数的传入是十分重要的，它一经传入，就在历法计算中得到了广泛的应用。

清朝初年，研究中西数学有心得而著书传世的学者有很多，影响较大的有王锡阐的《图解》、梅文鼎的《梅氏丛书辑要》（其中数学著作13种共40卷）、年希尧的《视学》等。梅文鼎是集中西数学之大成者。他对传统数学中的线性方程

康熙皇帝

组解法、勾股形解法和高次幂求正根方法等方面进行整理和研究，使濒于枯萎的明代数学重新有了希望。年希尧的《视学》是中国第一部介绍西方透视学的著作。

清朝时，康熙皇帝也十分重视西方科学。他除了亲自学习天文数学外，还培养了一些人才和翻译了一些著作。1712年，康熙皇帝命梅瑴成任蒙养斋汇编官，会同陈厚耀、何国宗、明安图、杨道声等编纂天文算法书。1721年，完成《律历渊源》100卷，以康熙“御定”的名义于1723年出版。其中《数理精蕴》主要由梅瑴成负责，分上下两编，上编包括《几何原本》《算法原本》，均译自法文著作；下编包括算术、代数、平面几何、平面三角、立体几何等初等数学，附有素数表、对数表和三角函数表。《数理精蕴》是一部比较全面的初等数学百科全书，对当时的数学研究起到了一定的影响。

综上所述，清代数学家对西方数学做了大量的会通工作，并取得了独创性的成果。这些成果和传统数学比较，有一定的进步性，可是却明显赶不上同时代的西方。雍正即位以后，对外采取闭关自守政策，导致西方科学无法输入中国，对内实行高压政策，致使一般学者只能埋头研究中国古籍。因此，乾嘉年间逐渐形成一个以考据学为主的乾嘉学派。

李善兰

随着《算经十书》与宋元数学著作的收集与注释，出现了一个研究传统数学的高潮。其中能突破旧有框框并有发明创造的有焦循、汪莱、李锐、李善兰等。他们的工作，和宋元时代的代数学比较是青出于蓝而胜于蓝的；和西方代数学比较，在时间上晚了一些，但这些成果是在没有受到西方近代数学的影响下独立完成的。

在传统数学研究出现高潮的同时，阮元与李锐等编写了一部天文数学家传记——《畴人传》，收集了从黄帝时期到嘉庆四年已故的天文学家和数学家270余人（其中有数学著作传世的不足50人），和明末以来介绍西方天文数学的传教士41人。这部著作收集的完全是第一手的原始资料，在学术界有着极为重要的影响。

鸦片战争

鸦片战争以后，西方近代数学开始传入中国。首先是英国人在上海设立墨海书馆，介绍西方数学。第二次鸦片战争后，曾国藩、李鸿章等官僚集团开展洋务运动，也主张介绍和学习西方数学，组织翻译了一批近代数学著作。其中较重要的有李善兰与伟烈亚力翻译的《代数学》《代微积拾级》；华蘅芳与英人傅兰雅合译的《代数术》《微积溯源》《决疑数学》；邹立文与狄考文编译的《形学备旨》《代数备旨》《笔算数学》；谢洪赉与潘慎文合译的《代形合参》《八线备旨》等。《代微积拾级》是中国第一部微积分学译本；《代数学》是英国数学家德·摩根所著的符号代数学译本；《决疑数学》是第一部概率论译本。在这些译著中，创造了许多数学名词和术语，至今还在应用，但所用数学符号一般已被淘汰了。戊戌变法以后，各地兴办新法学校，上述一些著作便成为了主要教科书。

在翻译西方数学著作的同时，中国学者也进行了一些研究，写出一些著作，较重要的有李善兰的《尖锥变法解》《考数根法》；夏弯翔的《洞方术图解》《致曲术》《致曲图解》等，这些都是会通中西学术思想的研究成果。

数学名言

数统治着宇宙。——毕达哥拉斯

可以数是属统治着整个量的世界，而算数的四则运算则可以看作是数学家的全部装备。——麦克斯韦

数论是人类知识最古老的一个分支，然而他的一些最深奥的秘密与其最平凡的真理是密切相连的。——史密斯

给我五个系数，我将画出一头大象；给我六个系数，大象将会摇动尾巴。——柯西

纯数学是魔术家真正的魔杖。——诺瓦列斯

如果谁不知道正方形的对角线同边是不可通约的量，那他就不值得

柏拉图

人的称号。——柏拉图

整数的简单构成，若干世纪以来一直是使数学获得新生的源泉。——伯克霍夫

数学不可比拟的永久性和万能性及他对时间和文化背景的独立行是其本质的直接后果。——埃博

数学突出着人类的发展。——林益满

数学是思维的体操——。培根

我们知道的，是很微小的；我们不知道的，是无限的。——拉普拉斯

数学分支

◆纵向划分

（1）初等数学和古代数学：这是指17世纪以前的数学。主要是古希腊时期建立的欧几里得几何学，古代中国、古印度和古巴比伦时期建立的算术，欧洲文艺复兴时期发展起来的代数方程等。

（2）变量数学：是指17至19世纪初建立与发展起来的数学。从17世纪上半叶开始的变量数学时期，可以分为两个阶段：17世纪的创建阶段（英雄时代）与18世纪的发展阶段（创造时代）。

（3）近代数学：是指19世纪的数学。近代数学时期的19世纪是数学的全面发展与成熟阶段，数学的面貌发生了深刻的变化，数学的绝大部分分支在这一时期都已经形成，整个数学呈现出全面繁荣的景象。

希尔伯特

（4）现代数学：是指20世纪的数学。1900年德国著名数学家希尔伯特在世界数学家大会上发表了一个著名演讲，提出了23个预测和知道今后数学发展的数学问题，拉开了20世纪现代数学的序幕。

◆横向划分

（1）基础数学。基础数学又称为理论数学或纯粹数学，是数学的核心部分，其包含代数、几何、分析三大分支，分别研究数、形和数形关系。

（2）应用数学。简单地说，应用数学也即数学的应用。

（3）计算数学。计算数学研究诸如计算方法（数值分析）、数理逻辑、符号数学、计算复杂性、程序设计等方面的问题。该学科与计算机密切相关。

（4）概率统计。概率统计分概率论与数理统计两大块。

（5）运筹学与控制论。运筹学是利用数学方法，在建立模型的基础上，解决有关人力、物资、金钱等的复杂系统的运行、组织、管理等方面所出现的问题的一门学科。控制论则是研究动物（包括人类）和机器内部的控制与通信的一般规律的学科，着重于研究过程中的数学关系。

著名数学家及成就

◆国外著名数学家

（1）欧几里得

欧几里得

欧几里得是古希腊数学家，著有《几何原本》。欧几里得早年就学于雅典，深知柏拉图的学说。公元前300年左右，欧几里得在托勒密王的邀请下来到亚历山大工作。他是一位温良敦厚的教育家，对有志数学之士，总是循循善诱。但反对不肯刻苦钻研、投机取巧的作风，也反对狭隘实用观点。

欧几里得将公元前7世纪以来希腊几何积累起来的丰富成果整理在严密的逻辑系统之中，使几何学

成为一门独立演绎的科学。除了《几何原本》之外，欧几里得还有不少著作，可惜大部分都已经失传。《已知数》是除《几何原本》之外唯一保存下来的希腊文本，也是欧几里得的纯粹几何著作，体例和《原本》前6卷相近，包括94个命题，指出若图形中某些元素已知，则另外一些元素也可以确定。《图形的分割》现存拉丁文本与阿拉伯文本，论述用直线将已知图形分为相等的部分或成比例的部分。《光学》是早期几何光学著作之一，研究透视问题，叙述光的入射角等于反射角，认为视觉是眼睛发出光线到达物体的结果。

（2）笛卡尔

笛卡尔是法国的哲学家、科学家和数学家，主要著作有《方法论》《形而上学沉思录》《哲学原理》《论情欲》和《人性论》等。其中，后两本著作专论心理学。笛卡尔反对经院哲学，主张革新哲学，发展科学。他提出了唯理论的原则，认为人的知识不是来源于感觉经验，而是来源于理性，理性的演绎法是唯一的正确方法。他主张用理性来审查一切，提出了“普遍怀疑”的口号。他从怀疑一切事物的存在出发，扫除自己的成见，寻求一个最可靠的命题作为

笛卡尔

起点，然后进行推论。在认识论上，笛卡尔主张天赋观念论，他认为人的知识不是来源于感觉经验，而是来源于理性，知识和能力是先天具有的。

笛卡尔提出了反射论思想，他从物理学的机械原理出发，把动物和人看作是一部机器。他以为神经是一种空管，内有细线，一端与感官相连，另一端与脑内某些孔道的开口相连。当外物刺激感官时，便拉动细线，从而拉开孔道口的活塞，让脑室内的动物精气沿着神经管流到肌肉，于是肌肉膨胀而发生动作，这是西方生理学和心理学史上第一次按照严格的决定论所描述的反射论模式，这对生理学和心理学的发展具有深远的影响。但是，笛卡尔并不是一个彻底的唯物主义者，他认为这种机械的反射动作只是人与动物的物质实体的表现。在人身上还有灵魂，有精神实体，动物则没有。这是他的二元论哲学的反映。笛卡尔还认为人的心灵和身体这两个实体可以互相影响，心灵仿佛是身体运动的指挥者。这就是他所谓的心身交感论。他认为心身交感作用是通过脑内的松果体而实现的。脑内唯一单个的松果体是心灵的驻所、心身交感的器官。当人的感官受到刺激时，感官神经管中的细线被拉动，影响松果体，就产生了印象，这样心灵就有了感觉。另一方面，心灵也利用松果体控制动物精气流动的方向，使某处肌肉发生动作，人的有意动作就是心灵控制的结果。

（3）费　马

费马，数学天才，堪称是17世纪法国最伟大的数学家之一。他通晓法语、意大利语、西班牙语、拉丁语和希腊语，而且还颇有研究。语言方面的博学给费马的数学研究提供了语言工具和便利，使他有能

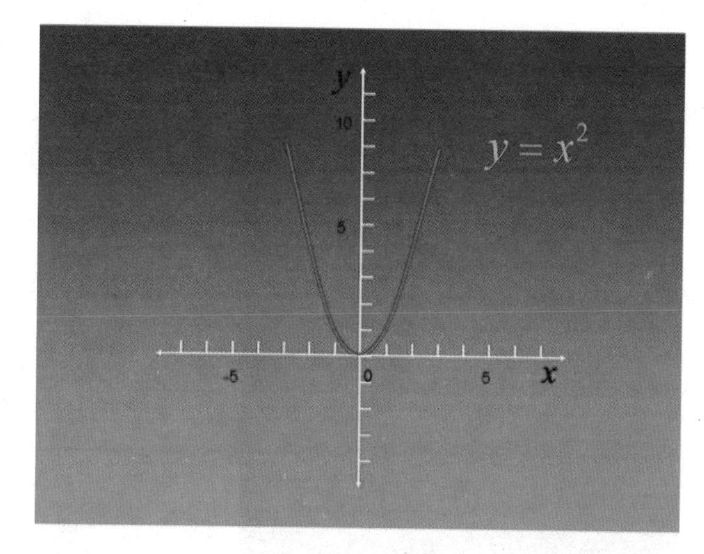

抛物线

力学习和了解阿拉伯和意大利的代数以及古希腊的数学。正是这些，可能为费马在数学上的造诣莫定了良好基础。费马一生从未受过专门的数学教育，数学研究也不过是业余爱好。然而，在17世纪的法国没有一位数学家可以与之匹敌。

费马的主要贡献表现在以下几个方面：

对解析几何的贡献：1630年，费马用拉丁文撰写了仅有八页的论文《平面与立体轨迹引论》。《平面与立体轨迹引论》中道出了费马的发现。他指出："两个未知量决定的一个方程式，对应着一条轨迹，可以描绘出一条直线或曲线。"费马的发现比笛卡尔发现解析几何的基本原理还早七年。费马在书中还对一般直线和圆的方程，以及关于双曲线、椭圆、抛物线等进行了讨论。笛卡尔是从一个轨迹来寻找它的方程的，而费马则是从方程出发来研究轨迹的，这正是解析几何基本原则的两个相对的方面。

对微积分的贡献：众所周知，

牛 顿

牛顿和莱布尼茨是微积分的缔造者。但是，费马为微积分概念的引出提供了与现代形式最接近的启示，并建立了求切线、求极大值和极小值以及定积分方法，对微积分做出了重大贡献。

对概率论的贡献：早在古希腊时期，偶然性与必然性及其关系问题便引起了众多哲学家的兴趣与争论，但是对其有数学的描述和处理却是15世纪以后的事。16世纪早期，意大利等数学家研究骰子中的博弈机会，在博弈的点中探求赌金的划分问题。到了17世纪，法国的帕斯卡和费马研究了意大利的帕乔里的著作《摘要》，建立了通信联系，从而建立了概率学的基础。一般概率空间的概念，是人们对于概念的直观想法的彻底公理化。从纯数学观点看，有限概率空间似乎显得平淡无奇。但一旦引入了随机变量和数学期望时，它们就成为神奇的世界了。费马的贡献便在于此。

对数论的贡献：17世纪初，欧洲流传着公元三世纪古希腊数学家丢番图所写的《算术》一书。1621年，费马利用业余时间对书中的不定方程进行了深入研究。费马将不定方程的研究限制在整数范围内，从而开始了数论这门数学分支。费马在数论领域中的成果是巨大的，其中主要包括费马大定理和费马小

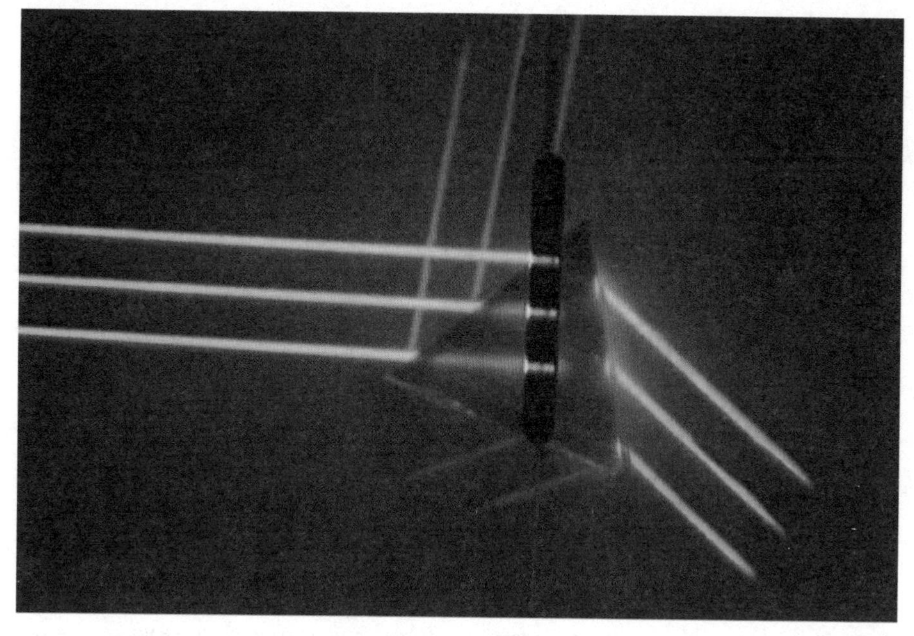

光的传播

定理。

对光学的贡献：费马在光学中突出的贡献是提出最小作用原理，也叫最短时间作用原理。早在古希腊时期，欧几里德就提出了光的直线传播定律相反射定律。后由海伦揭示了这两个定律的理论实质——光线取最短路径。费马的高明之处则在于变这种哲学的观念为科学理论。费马同时讨论了光在逐点变化的介质中行进时，其路径取极小的曲线的情形。并用最小作用原理解释了一些问题，这给许多数学家以很大的鼓舞。

（4）莱布尼茨

莱布尼茨，德国数学家、哲学家，和牛顿同为微积分的创始人。莱布尼茨博览群书，涉猎百科，对丰富人类的科学知识宝库做出了不可磨灭的贡献。1661年，莱布尼茨入莱比锡大学学习法律，又曾到耶

莱布尼茨

拿大学学习几何，1666年在纽伦堡阿尔特多夫取得法学博士学位。他当时写的论文《论组合的技巧》已含有数理逻辑的早期思想，后来的工作使他成为数理逻辑的创始人。莱布尼茨的多才多艺在历史上很少有人能和他相比，他的著作包括数学、历史、语言、生物、地质、机械、物理、法律、外交等各个方面。

莱布尼茨的主要贡献表现在以下几个方面：

始创微积分：微积分思想，最早可以追溯到希腊由阿基米德等人提出的计算面积和体积的方法。1665年，牛顿创始了微积分。1673—1676年，莱布尼茨发表了微积分思想的论著。以前，微分和积分作为两种数学运算、两类数学问题，是分别加以研究的。只有莱布尼茨和牛顿将积分和微分真正沟通起来，明确地找到了两者内在的直接联系：微分和积分是互逆的两种运算。而这是微积分建立的关键所在。只有确立了这一基本关系，才能在此基础上构建系统的微积分学。并从对各种函数的微分和求积公式中，总结出共同的算法程序，使微积分方法普遍化，发展成用符号表示的微积分运算法则。牛顿从物理学出发，运用集合方法研究微积分，其应用上更多地结合了运动学，造诣高于莱布尼茨。莱布尼茨则从几何问题出发，运用分析学方法引进微积分概念、得出运算法则，其数学的严密性与系统性是牛顿所达不到的。莱布尼茨认识到好的数学符号能节省思维劳动，运用符号的技巧是数学成功的关键之一。因此，他所创设的微积分符号远远优于牛顿的符号，这对微积分的发展有极大影响。1713年，莱布尼茨发表了《微积分的历史和起源》一文，总结了自己创立微积分学的思路，说明了自己成就的独立性。

微积分课本

高等数学上的众多成就：莱布尼茨在数学方面的成就是巨大的，他的研究及成果渗透到高等数学的许多领域。莱布尼茨曾讨论过负数和复数的性质，得出复数的对数并不存在，共扼复数的和是实数的结论。他还对线性方程组进行研究，对消元法从理论上进行了探讨，并首先引入了行列式的概念，提出行列式的某些理论，此外，莱布尼茨还创立了符号逻辑学的基本概念。

计算机科学贡献：1673年，莱布尼茨制造了一个能进行加、减、乘、除及开方运算的计算机。这是继帕斯卡加法机后，计算工具的又一进步。莱布尼茨发明的机器叫“乘法器”，约1米长，内部安装了一系列齿轮机构，除了体积较大之外，基本原理继承于帕斯卡。不过，莱布尼茨为计算机增添了一种名叫“步进轮”的装置。步进轮是一个有9个齿的长圆柱体，9个齿依次分布于圆柱表面；旁边另有个小齿轮可以沿着轴向移动，以便逐次与步进轮啮合。每当小齿轮转动一圈，步进轮可根据它与小齿轮啮合的齿数，分别转动1/10、2/10圈……，直到9/10圈，这样一来，它就能够连续重复地做加减法，在转动手柄的过程中，使这种重复加减转变为乘除运算。

（5）欧　拉

欧　拉

欧拉，18世纪数学界最杰出的人物之一，也是历史上最伟大的数学家之一，被称为“分析的化身”。他不但为数学界作出贡献，更把数学推至几乎整个物理的领域。他是数学史上最多产的数学家，他从19岁开始发表论文，直到76岁，半个多世纪写下了浩如烟海的书籍和论文。他一生共写下了856篇论文，专著32部，其中分析、代数、数论占40%，几何占18%。如今几乎每一个数学领域都可以看到欧拉的名字，从初等几何的欧拉线、多面体的欧拉定理、立体解析几何的欧拉变换公式、四次方程的欧拉解法到数论中的欧拉函数、微分方程的欧拉方程、级数论的欧拉常数、变分学的欧拉方程、复变函数的欧拉公式等数不胜数。

欧拉是18世纪的数学巨星，

他的贡献主要体现在以下几个方面：

在微积分方面：他整理了由伯努利家族继承、发扬的莱布尼兹学派的微积分学的内容。他先后发表了《无穷小分析引论》《微分学》《积分学》等著作。首先，他对函数概念进行了系统的探讨。给出了函数的新定义，定义了多元函数概念，引入了超越函数概念。其次，欧拉对由弧围成的有界区域上的二重定积分已有清楚的概念，并给出了用累次积分计算这种积分的程序。第三，欧拉研究了数列｛（1+1/n）n｝极限的存在性，并把这个极限记为e，后来又用e作为底数，建立了自然对数。第四，欧拉把实函数的许多结果形式推广到复数域。推动了复变函数理论的发展。

在微分方程方面：1727年，欧拉将一类二阶方程通过变量替换化为一阶方程，这是对二阶方程系统研究的开始。1739年他又研究了谐振子方程、谐振子的强迫振动方程，并得到了解答。1760年他将特殊的黎卡提方程化为线性方程。欧拉对偏微分方程的研究是开拓性的。1748年他指出弦的运动是周期性的，还用三角级数表出了解。

在数论方面：二次互反律是欧拉首先发现的。欧拉还引入了以他名字命名的数论中的欧拉函数。

在几何方面：他引入了曲线的参数表示，并提出了通过变换将曲面方程化成标准型的方法。1760年欧拉发表了题为《关于曲面上曲线的研究》的论文。文中得到许多重要结果。这些成果为曲面理论奠定了基础。

在变分学方面：欧拉通过对函数极值问题的研究，解决了一般函数的极值问题之后，他于1734年研究了“最速降线”问题，并成功地

《初等数论》

找到了极值函数必须满足的常微分方程，即欧拉方程。1756年他把这个新学科命名为变分学。

在初等数学方面：欧拉抛弃了陈旧的概念，采用新的思想方法去叙述、处理问题，建立了新的初等数学体系。

◆中国著名数学家

（1）祖冲之

祖冲之，我国杰出的数学家。南北朝时期人，汉族人，字文远。生于宋文帝元嘉六年，卒于齐昏侯永元二年。祖籍范阳郡遒县（今河北涞水县）。为避战乱，祖冲之的祖父祖昌由河北迁至江南。祖昌曾任刘宋的“大匠卿”，掌管土木工程；祖冲之的父亲也在朝中做官。祖冲之从小接受家传的科学知识。青年时进入华林学省，从事学术活动。一生先后任过南徐州（今镇江市）从事史、公府参军、娄县（今昆山市东北）令、谒者仆射、长水校尉等官职。

祖冲之对“圆周率”研究的杰出成就，在世界数学史上放射着异彩。他在世界数学史上第一次将圆周率（π）值计算到小数点后七位，即3.1415926到3.1415927之间。他提出约率22／7和密率355／113，这一密率值是世界上最早提出的，比欧洲早一千多年。所

祖冲之塑像

以有人主张叫它“祖率”，也就是圆周率的祖先。他将自己的数学研究成果汇集成一部著作，名为《缀术》，《缀术》是一部内容极为精采的数学书，很受人们重视。唐朝的官办学校的算学科中规定：学员要学《缀术》四年；政府举行数学考试时，多从《缀术》中出题。后来这部书曾经传到朝鲜和日本。可惜到了北宋中期，这部有价值的著作竟失传了。直到现在还有待考察。祖冲之还和他的儿子祖暅一起圆满地利用“牟合方盖”解决了球体积的计算问题，得到正确的球体积公式。他们当时采用的一条原理是：“幂势既同，则积不容异。”意即：位于两平行平面之间的两个立体，被任一平行于这两平面的平面所截，如果两个截面的面积恒相等，则这两个立体的体积相等。在西方，这个原理被称为“卡瓦列利原理”，但这是在祖冲之以后一千多年才由意大利数学家卡瓦列利发现的。为了纪念祖氏父子发现这一原理的重大贡献，数学上也称这一原理为“祖暅原理”。

祖冲之在数学方面的辉煌成就，充分表现了我国古代科学的高度发展水平。

（2）刘 徽

刘徽，三国后期魏国人，是中国古代杰出的数学家，也是中国古

典数学理论的奠基者之一。刘徽的数学著作留传后世的很少，所留之作均为久经辗转传抄。他的主要著作有：《九章算术注》十卷；《重差》一卷，至唐代易名为《海岛算经》；《九章重差图》一卷，后两种都在宋代失传。

刘徽的数学成就大致为两方面：

①清理中国古代数学体系并奠定了它的理论基础

在数系理论方面：用数的同类与异类阐述了通分、约分、四则运算，以及繁分数化简等的运算法则；在开方术的注释中，他从开方不尽的意义出发，论述了无理方根的存在，并引进了新数，创造了用十进分数无限逼近无理根的方法。

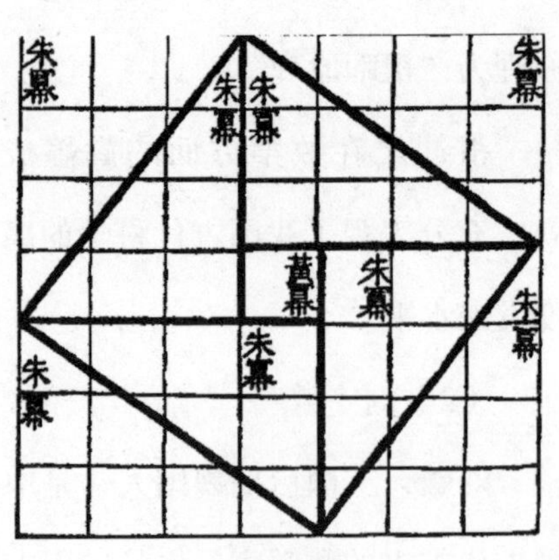

勾股定理

在筹式演算理论方面：先给率以比较明确的定义，又以遍乘、通约、齐同等三种基本运算为基础，建立了数与式运算的统一的理论基础，他还用“率”来定义中国古代数学中的“方程”，即现代数学中线性方程组的增广矩阵。

在勾股理论方面：逐一论证了有关勾股定理与解勾股形的计算原理，建立了相似勾股形理论，发展了勾股测量术，通过对“勾中容横”与“股中容直”之类的典型图形的论析，形成了中国特色的相似理论。

在面积与体积理论方面：用出入相补、以盈补虚的原理及“割圆术”的极限方法提出了刘徽原理，并解决了多种几何形、几何体的面

积、体积计算问题。这些方面的理论价值至今仍闪烁着余辉。

②在继承的基础上提出了自己的创见

这方面主要体现为以下几项有代表性的创见：

割圆术与圆周率：他在《九章算术·圆田术》注中，用割圆术证明了圆面积的精确公式，并给出了计算圆周率的科学方法。他首先从圆内接六边形开始割圆，每次边数倍增，算到192边形的面积，得到π=157/50=3.14，又算到3072边形的面积，得到π=3927/1250=3.1416，称为“徽率”。

刘徽原理：在《九章算术·阳马术》注中，他在用无限分割的方法解决锥体体积时，提出了关于多面体体积计算的刘徽原理。

“牟合方盖”说：在《九章算术·开立圆术》注中，他指出了球体积公式V=9D3/16（D为球直径）的不精确性，并引入了“牟合方盖”这一著名的几何模型。“牟和方盖”是指正方体的两个轴互相垂直的内切圆柱体的贯交部分。

方程新术：在《九章算术·方程术》注中，他提出了解线性方程组的新方法，运用了比率算法的思想。

重差术：在《海岛算经》中，他提出了重差术，采用了重表、连索和累矩等测高测远方法。他还运用“类推衍化”的方法，使重差术由两次测望，发展为“三望”“四望”。而印度在7世纪，欧洲在15～16世纪才开始研究两次测望的问题。

刘徽的工作，不仅对中国古代数学发展产生了深远影响，而且在世界数学史上也确立了崇高的历史地位，不少书上把他称作“中国数学史上的牛顿”。

（3）秦九韶

秦九韶，中国南宋数学家。字道古，普州安岳（今四川省安岳县）人。曾与李治、杨辉、朱士杰并称宋元数学四大家。秦九韶聪敏勤学。1231年，秦九韶考中进士，先后担任县尉、通判、参议官、州守、同农、寺丞等职。他在政务之余，对数学进行虔心钻研，并广泛搜集历学、数学、星象、音律、

秦九韶

营造等资料，进行分析、研究。1244—1247年，秦九韶把长期积累的数学知识和研究所得加以编辑，写成了闻名的巨著《数书九章》，并创造了“大衍求一术”。这不仅在当时处于世界领先地位，在近代数学和现代电子计算设计中，也起到了重要作用，被称为“中国剩余定理”。秦九韶在数学方面的研究成果，比英国数学家取得的成果要早800多年。

《数书九章》，南宋时称为《数学大略》或《数术大略》，明朝时又称为《数学九章》。全书共18卷，81题，分为九大类。第一，大衍类，集中阐述了他的重要成就——“大衍求一术”，即一次同余式组解法。秦九韶指出“大衍之法不载九章”，历算家制定历法时虽然用到这种方法，但误以为是线性方程组问题。他总结了历算家计算上元积年的方法，在《孙子算经》“物不知数”题的基础上，

系统地提出了一次同余式组解法。并针对不同的情况，提出了不同的程序。他还把这种理论用于解决商功、利息、粟米、建筑等问题。第二，天时类，是有关历法推算及降雨降雪量的测量。第三，田域类，是面积问题。第四，测望类，是勾股重差问题。第五，赋役类，是均输及租税问题。第六，钱谷类，是粮谷转运和仓库容积问题。第七，营建类，是建筑工程问题。第八，军旅类，是营盘布置及军需供应问题。第九，市易类，是交易及利息问题。在这九类之中，最重要的成就是正负开方术，今称秦九韶程序，即以增乘开方法为主导求高次方程正根的方法。他用这种方法解决了21个问题共26个方程，其中二次方程20个，三次方程1个，四次方程4个，还用勾股差率列出了一个十次方程。在这里，秦九韶把贾宪开创的增乘开方法发展到十分完备的地步。在开方中，他发展了刘徽开方不尽求微数的思想，在世界数学史上第一次用十进小数表示无理根的近似值。其次是在卷五“三斜求积”题中提出了已知三角形三边a，b，c，求面积的公式。这个公式与古希腊的海伦公式是等价的。另外，他改进了线性方程组解法，普遍用互乘相消法代替“直除法”，并在互乘之前，先约去公因子，使运算更加简便。

与以往的数学著作比较，《数书九章》中的问题更加复杂，而且《数书九章》也更加真实地反映了南宋的社会经济情况，保存了非常有价值的历史资料。但是，《数书九章》也有不容忽视的缺点。如将大衍求一术附会《周易》“大衍之数五十，其用四十有九”，不足为训。还有一些问题，甚至某些不难的勾股测量问题，题设和演算都出现错误。

周易简图

《数书九章》问世后，当时流传不广，明《永乐大典》钞录此书，称为《数学九章》。清四库馆本《数学九章》转录自《永乐大典》，并加校订。后李锐又略加校注。明万历年间赵琦美有另一钞本《数书九章》。清沈钦裴、宋景昌以赵本为主，参考各家校本，重加校订，1842年收入上海郁松年所刻《宜稼堂丛书》。此后，又有《古今算学丛书》本，商务印书馆《丛书集成》本均据此翻印，成为最流行的版本。

第二章 天文学

天文学是研究宇宙空间天体、宇宙的结构和发展的学科。内容包括天体的构造、性质和运行规律等。主要通过观测天体发射到地球的辐射，发现并测量它们的位置、探索它们的运动规律、研究它们的物理性质、化学组成、内部结构、能量来源及其演化规律。

天文起源于古代人类时令的获得和占卜活动。但是，天文学应当和占星术分开。占星术是一种试图通过天体运行状态来预测一个人命运的伪科学。尽管两者的起源相似，在古代常常混杂在一起。但当代的天文学与占星术却有着明显的不同：现代天文学是使用科学方法，以天体为研究对象的学科；而占星术则通过比附，联想等方法把天体位置和人事对应，着眼于预测人的命运。

天文学是一门最古老的科学，它一开始就同人类的劳动和生存密切相关。它同数学、物理、化学、生物、地学同为六大基础学科。天文学的研究对于我们的生活有很大的实际意义，如授时、编制历法、测定方位等。天文学的发展对于人类的自然观有很大的影响。天文学的一个重大课题是各类天体的起源和演化。天文学的主要研究方法是观测，不断地创造和改良观测手段，循着观测-理论-观测的发展途径，不断把人的视野伸展到宇宙的深处。天文学和其他学科一样，和许多邻近科学互相借鉴，互相渗透。天文观测手段的每一次发展，又都给应用科学带来有益的东西。

在这一章里，我们就来一起了解一下天文学的相关知识。

占卜的龟甲骨

天文学概述

天文学是观察和研究宇宙间天体的学科，它研究天体的分布、运动、位置、状态、结构、组成、性质及起源和演化，是自然科学中的一门基础学科。天文学与其他自然科学的一个显著不同之处在于，天文学的实验方法是观测，通过观测来收集天体的各种信息。天文学是一门古老的科学，自有人类文明史以来，天文学就有重要的地位。随着人类社会的发展，天文学的研究对象从太阳系发展到整个宇宙。现

天　体

在天文学按研究方法分类已形成天体测量学、天体力学和天体物理学三大分支学科。按观测手段分类已形成光学天文学、射电天文学和空间天文学几个分支学科。

天文学的研究对象是各种天体。地球也是一个天体，因此作为一个整体的地球也是天文学的研究对象之一。最初，古人观察太阳、月球和天空中的星星来确定时间、方向和历法，并记录天象。随着天文学的发展，人类的探测范围到达了距地球约100亿光年的距离，根据尺度和规模，天文学的研究对象可以分为：

行星层次：包括行星系中的行星、围绕行星旋转的卫星和大量的小天体，如小行星、彗星、流星体以及行星际物质等。太阳系是目前能够直接观测的唯一的行星系。但是宇宙中存在着无数像太阳系这样的行星系统。

恒星层次：现在人们已经观测到了亿万个恒星，太阳只是无数恒星中很普通的一颗。

星系层次：人类所处的太阳系只是处于由无数恒星组成的银河系中的一隅。而银河系也只是一个普通的星系，除了银河系以外，还存在着许多的河外星系。星系又进一步组成了更大的天体系统星系群、星系团和超星系团。

整个宇宙：一些天文学家提出了比超星系团还高一级的总星系。按照现在的理解，总星系就是目前人类所能观测到的宇宙的范围，半径超过了100亿光年。

天文学的研究方法主要依靠观测。如今，天文学已进入一个崭新的阶段。天文观测手段已从传统的光学观测扩展到了红外、紫外到X射线和γ射线的全部电磁波段。这导致一大批新天体和新天象的发现，例如，类星体、活动星系、脉

宇 宙

冲星、微波背景辐射、星际分子、X射线双星、γ射线源等，使得天文研究空前繁荣和活跃。

天文学发展简史

如果从人类观测天体，记录天象算起，天文学的历史至少已经有五六千年了。天文学在人类早期的文明史中，占有非常重要的地位。埃及的金字塔、欧洲的巨石阵都是很著名的史前天文遗址。早在16世纪以前，中国的天象观测已经达到非常精确的程度。中国古代天文学家设计制造出很多精巧的观测仪器，通过恒星观测，议定岁时，上

巨石阵

百次地改进历法。我国是世界上古代天项纪录最多也最系统的国家，从殷商时代的甲骨文中就可以找到当时的天象纪录，我国历史上关于新星和超新星的记录约有80条，占全世界这类纪录的90%。

在西方，古代天文学家也倾注很大力量，研究行星在星空背景中的运动。2世纪时，古希腊天文学家托勒密提出的地心说统治了西方对宇宙的认识长达1000多年。直到16世纪，波兰天文学家哥白尼才提出了新的宇宙体系的理论——日心说。这给当时的宗教势力以有力的打击，是历史上自然科学的一次辉煌胜利。日心说的发展到17世纪达到顶峰，牛顿把力学概念应用于行星运动的研究上，发现和验证了万有引力定律和力学定律，并创立了天文学的一个新的分支——天体力学。天体力学的诞生，使天文学从单纯的描述天体的几何关系，进入到研究天体之间相互作用的新阶段。在天文学的发展历史上，这是一次巨大的飞跃。

在牛顿以后的二百年中，天体力学的发展有力地推动了应用数学的发展。从微积分到现在的数学物理方法，天体力学已成为现代科学中必不可少的工具。天体之间的引力作用虽然说明了许多天文现象，却不足以阐明天体的本质。19世纪中叶以来，物理学的重大发展把天文学推进到一个新的阶段。天体摄影和分光技术的发明，使天文学家可以进一步深入地研究天体的物理性质、化学组成、运动状态和演化规律，从而更加深入到问题本质，进而也产生了一门新的分支学科——天体物理学。这又是天文学的一次重大飞跃。

19世纪末到20世纪初，量子理论、相对论、原子核物理和高能物理的创立，给了天文学以新的理论工具。研究天体的化学组成、物理性质、运动状态和演化规律，使

天文望远镜

人类对天体的认识深入到问题的本质。天体物理学使天文学家们可以有根有据地谈论天体的演化。天体物理学的诞生标志着现代天文学的起点。天文观测也在这时进入到一个新的阶段。

17世纪以前，人们只是靠肉眼来观测天象，能看到的星星不过六七千颗。17世纪，伽利略首创的天文望远镜，使人类的眼界突然大大开阔。随着光学技术的发展，望远镜的口径越来越大，人类的视野从我们周围的太阳系，扩大到银河系，又扩大到河外星系。

目前，各种望远镜的视野里，有种类繁多、结构复杂、内容丰富的遥远而暗弱的天文对象呈现出来。20世纪50年代，射电望远镜开始应用。到了20世纪60年代，取得了称为“天文学四大发现”的成就：微波背景辐射、脉冲星、类星体和星际有机分子。而与此同时，人类也突破了地球束缚，可到天空中观测天体。除可见光外，天体的紫外线、红外线、无线电波、X射线、γ射线等都能观测到了。这些使得空间天文学得到了巨大发展，也对现代天文学的成就产生了很大影响。

观测手段的飞跃使天体物理学进入了空前活跃的阶段。如果说天体物理学在它诞生之初就对物理学作出过某些贡献，那么最近天文学上接连发现的新现象，可以说给物理学以一连串的冲击。像红外源、分子源、天体微波激射源的发现对恒星形成的研究提供了重要的线索；脉冲星、X射线源、γ射线源的测定，则推动了恒星演化的研究；星际分子的发现，吸引了生物学界和化学界的注意；类星体、射电星系和星系核活动等高能现象的发现，对以至的物理学规律提出了尖锐的挑战。结合各种类型星体

月　球

观测资料的积累和分析，星系演化和大尺度宇宙学的观测研究也已提到日程上来。自从人造卫星上天以来，日地空间物理学已经取得了大量的新结果。宇宙飞船远访行星，以及在月球、火星、金星上的着陆考察，使太阳系的构成和演化的研究展现出崭新的局面。

这些可能正孕育着人类认识自然的一次新的突破。光学、射电和空间观测手段的发展，将反过来促进观测技术的迅速发展，从而再导致更多的新发现。在这样的背景下，当前的天文学领域将日益集中天文学、力学、高能物理学、等离子体物理学、数学、化学的重大课题，成为富有生命力的多学科交叉点。

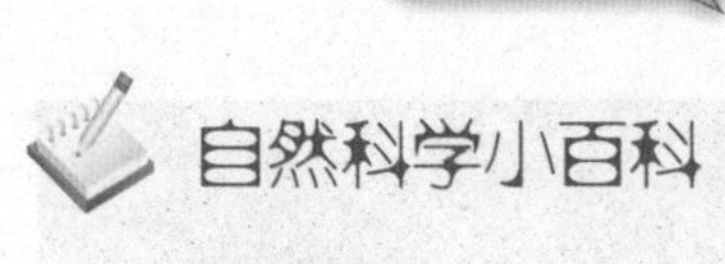

望远镜相关英文简称

（1）CF：中央调焦

（2）ZCF：传统波罗棱镜左右展开型、中央调焦

（3）ZWCF：比第（2）项多一个“超广角”

（4）CR：迷彩色橡胶外壳

（5）BR：黑色橡胶防震外壳

天文望远镜

（6）BCF：黑色、中央调焦

（7）BCR：偏黑色迷彩橡胶外壳

（8）IR：铝合金轻巧外壳

（9）IF：左右眼个别调焦

（10）WP：内充氮气防水型

（11）RA：外附橡胶防震保护

（12）D：德式棱镜、屋顶棱镜（直筒式）

（13）HP：高眼点

（14）SP：超高解析度

（15）ED：超低色差镜片

（16）AS：非球面镜片

（17）ZOOM：可变倍率伸缩镜头

（18）WF：广角视野

天文学分支

按照传统的观念，学科分支应该是根据研究对象来区分的。然而，不同的天文学层次之间的界限虽然分明，但对它们所有的研究方法和观测手段则是大同小异。因此对天文学来说，按研究对象的学科分类，辅以研究方法和观测手段的分类，才是最可行的办法。天文学的分支大体有：天体测量学、天体力学、天体物理学、射电天文学、

空间天文学、天体演化学。

◆天体测量学

天体测量学是天文学中最先发展起来的一个分支，主要任务是研究和测定天体的位置和运动，建立基本参考坐标系和确定地面点的坐标。它包括球面天文学、方位天文学、实用天文学、天文地球动力学。天体测量依观测所用的技术方法和发展顺序，可以分为基本的、照相的、射电的和空间的四种。

天体测量学的起源可以追溯到人类文化的萌芽时代。通过对星空的观察，将星空划分成许多不同的星座，并编制了星表。远古时候，为了指示方向、确定时间和季节，先后创造出日晷和圭表。当时的天体测量学既奠定了历法的基础，又确认了地球的自转和公转在天球上的反映，从而逐渐形成古代的宇宙观。因此，早期天文学的主要内容

星 空

就是天体测量学。

说到天体测量学，我们就不能不提到贝塞尔，他是德国著名的天文学家和数学家，天体测量学的奠基人。贝塞尔重新订正了《布拉德莱星表》，并加上了岁差和章动以及光行差的改正。他编制了包括比九等星更亮的75000多颗恒星的基本星表，后来由他的继承人阿格兰德扩充成著名的《波恩巡天星表》。1837年，贝塞尔发现天鹅座61正在非常缓慢地改变位置。第二年，他宣布这颗星的视差是0.31弧秒，这是世界上最早测定的恒星视差之一。

◆天体力学

天体力学是天文学和力学之间的交叉学科，是天文学中较早形成的一个分支学科，它主要应用力学规律来研究天体的运动和形状。天体力学以数学为主要研究手段，至于天体的形状，主要是根据流体或弹性体在内部引力和自转离心力作用下的平衡形状及其变化规律。目前，天体力学仍以万有引力定律为基础。

天体力学诞生至今已有三百多年的历史，按研究对象和基本研究方法的发展过程，大致可划分为三个时期：

奠基时期：自从天体力学创立到19世纪后期，是天体力学的奠基时期。天体力学在这个过程中逐步形成了自己的学科体系，称为经典天体力学。它的研究对象主要是大行星和月球，研究方法主要是经典分析方法，也就是摄动理论。

发展时期：自从19世纪后期到20世纪50年代，是天体力学的发展时期。在研究对象方面，增加了太阳系内大量的小天体（小行星、彗星和卫星等），在研究方法方面，除了继续改进分析方法外，还增加

彗 星

了定性方法和数值方法，但它们只作为分析方法的补充。这段时期也可以称为近代天体力学时期。

新时期：20世纪50年代以后，天体力学进入了一个新时期。由于人造天体的出现和电子计算机的广泛应用，天体力学的研究对象又增加了人造天体和恒星系统。在研究方法中，数值方法有迅速的发展，不仅用于解决实际问题，而且还同定性方法和分析方法结合起来，进行各种理论问题的研究。定性方法和分析方法也有相应发展，以适应观测精度日益提高的要求。

当前，天体力学可分为六个次级学科：

摄动理论：这是经典天体力学的主要内容，它是用分析方法研究各类天体的受摄运动，求出它们的坐标或轨道要素的近似摄动值。其

课题有两类：一类是具体天体的摄动理论，如月球的运动理论、大行星的运动理论等；另一类是共同性的问题，即各类天体的摄动理论都要解决的关键性问题或共同性的研究方法，如摄动函数的展开问题、中间轨道和变换理论等。

数值方法：这是研究天体力学中运动方程的数值解法。主要课题是研究和改进现有的各种计算方法，研究误差的积累和传播，方法的收敛性、稳定性和计算的程序系统等。

定性理论：也叫定性方法。它并不具体求出天体的轨道，而是探讨这些轨道应有的性质，这对那些用定量方法还不能解决的天体运动和形状问题尤为重要。其中课题大致可分为三类：一类是研究天体的特殊轨道的存在性和稳定性，如周期解理论、卡姆理论等；一类是研究运动方程奇点附近的运动特性，

小行星与星系

如碰撞问题、俘获理论等；另一类是研究运动的全局图像，如运动区域、太阳系稳定性问题等。近年来，在定性理论中应用拓扑学较多，有些文献中把它叫作拓扑方法。

天文动力学：又叫星际航行动力学。这是天体力学和星际航行学之间的边缘学科，研究星际航行中的动力学问题。在天体力学中的课题主要是人造地球卫星，月球火箭以及各种行星际探测器的运动理论等。

历史天文学：是利用摄动理论和数值方法建立各种天体历表，研究天文常数系统以及计算各种天象。

天体形状和自转理论：牛顿开创的次级学科，主要研究各种物态的天体在自转时的平衡形状、稳定性以及自转轴的变化规律。

◆天体物理学

天体物理学是应用物理学的技术、方法和理论，研究天体的形态、结构、化学组成、物理状态和演化规律的天文学分支学科。天体物理学分为：太阳物理学、太阳系物理学、恒星物理学、恒星天文学、星系天文学、宇宙学、宇宙化学、天体演化学等分支学科。另外，射电天文学、空间天文学、高能天体物理学也是它的分支。

从公元前129年古希腊天文学家喜帕恰斯目测恒星光度起，中间经过1609年伽利略使用光学望远镜观测天体，绘制月面图，1655—1656年惠更斯发现土星光环和猎户座星云，后来还有哈雷发现恒星自行，到18世纪老赫歇耳开创恒星天文学，这是天体物理学的孕育时期。19世纪中叶，三种物理方法——分光学、光度学和照相术广泛应用于天体的观测研究以后，对天体的结构、化学组成、物理状态的研究形成了完整的科学体系，天体物理学开始成为天文学的一个独立的分支学科。天体物理学的发展，促使天文观测和研究不断出现新成果和新发现。1859年，基尔霍夫对太阳光谱的吸收线作出科学解释。他认为吸收线是光球所发出的连续光谱被太阳大气吸收而成的，这一发现推动了天文学家用分光镜研究恒星；1864年，哈根斯用高色散度的摄谱仪观测恒星，证认出某些元素的谱线，以后根据多普勒效应又测定了一些恒星的视向速度；1885年，皮克林首先使用物端棱镜拍摄光谱，进行光谱分类。通过对行星状星云和弥漫星云的研

猎户座

究，在仙女座星云中发现新星。这些发现使天体物理学不断向广度和深度发展。

在天体物理理论方面，1920年，萨哈提出恒星大气电离理论，通过埃姆登、爱丁顿等人的研究，关于恒星内部结构的理论逐渐成熟。1938年，贝特提出了氢聚变为氦的热核反应理论，成功地解决了主序星的产能机制问题。1929年，哈勃在研究河外星系光谱时，提出了哈勃定律，这极大地推动了星系天文学的发展；20世纪40年代，英国军用雷达发现了太阳的无线电辐射，从此射电天文蓬勃发展起来；60年代用射电天文手段又发现了类星体、脉冲星、星际分子、微波背景辐射。1946年，美国开始用火箭在离地面30~100千米高度处拍摄紫外光谱。1957年，苏联发射人造地球卫星，为大气外层空间观测创造了条件。以后，美国、西欧、

火 箭

日本也相继发射用于观测天体的人造卫星。现在世界各国已发射数量可观的宇宙飞行器，其中装有各种类型的探测器，用以探测天体的紫外线、x射线、γ射线等波段的辐射。从此天文学进入全波段观测时代。

对行星的研究是天体物理学的一个重要方面。近年来，对彗星的研究以及对行星际物质的分布、密度、温度、磁场和化学组成等方面的研究，都取得了重要成果。随着空间探测的进展，太阳系的研究又成为最活跃的领域之一。

◆空间天文学

空间天文学是借助宇宙飞船、人造卫星、火箭和气球等空间飞行器，在高层大气和大气外层空间区域进行天文观测和研究的一门学科，它是空间科学和天文学的边缘学科。空间天文学的兴起是天文学发展的又一次飞跃。就观测波段而言，空间天文学可分成许多新的分支，如红外天文学、紫外天文学、X射线天文学等。

现代空间科学技术是空间天文发展的基础，近二十年来，它给空间天文观测提供了各种先进的运载工具。目前，空间天文观测广泛地使用高空飞机、平流层气球、探空火箭、人造卫星、空间飞行器、航天飞机和空间实验室等作为运载工具，进行技术极为复杂的天文探测。特别是人造卫星和宇宙飞船，是空间天文进行长时期综合性考察的主要手段。

实验方法的不断完善是空间天文迅速发展的另一个因素。空间天文的实验方法和传统的光学或射电天文方法有很大区别。由于电磁辐射性质的不同，特别在高能辐射方面差别更大，因此，对它们的探测多半需要采用各种核辐射探测技

"挑战者号"航天飞机

术，利用电磁辐射的光电、光致电离—电子对转换等效应，来测量辐射通量和能谱，并根据空间天文的特点加以发展。目前在空间天文中从紫外线软X射线直到高能γ射线，按照能量的高低广泛使用光电倍增管、光子计数器、电离室、正比计数器、闪烁计数器、切连科夫计数器和火花室等多种探测仪器。

空间天文的发展大致经历了三个阶段。最初阶段致力于探明地球的辐射环境和地球外层空间的静态结构，这个时期的主要工作是发展空间科学工程技术。第二阶段开始探索太阳、行星和行星际空间。第三阶段是从20世纪70年代起，开

始探索银河辐射源，并向河外源过渡。60年代初以来，在太阳系探索和红外、紫外、x射线、γ射线天文方面，都取得十分重大的成就。

空间天文学的独特贡献，尤其是在70年代的一些重要发现，对天文学产生了巨大影响，从而使我们对太阳系行星、银河系、恒星早期和晚期演化、星际物质、行星际空间、星系际空间等一系列领域的了解，发生深刻的变化。然而空间科学技术，特别是空间天文的实验方法仍然处于不断完善之中，新技术、新方法、新原理的不断出现，使我们认识到，天文学的这个最年轻的分支将会有着极好的发展远景。

◆天体演化学

天体演化学是天文学的一个分支，它研究各种天体以及天体系统的起源和演化，也就是研究它们的

银河系

产生、发展和衰亡的历史。天体的起源是指天体在什么时候，从什么形态的物质，以什么方式形成的；天体的演化是指天体形成以后所经历的演变过程。通常情况下，我们所说的天体演化，往往也包括起源在内。

天体演化同物质结构和生命起源等基本理论问题有密切的关系，特别是同地球科学有更直接的关系，因此，天体演化的研究具有重要的理论与实践意义。天体演化学的研究内容包括以下几个方面：

关于太阳系的起源和演化，一般分为灾变说和星云说两类。灾变说认为行星的物质是因为某种偶然的巨变而从太阳中分出来的；星云说认为行星物质和太阳由同一原始

星　云

星云形成或由太阳俘获来的。灾变说曾经盛行于20世纪上半叶，现在基本上已被否定。近年来，一些星云说学者的观点逐渐接近。他们认为：太阳系是在约五十亿年前从星际云中分出的一个原始星云形成的。原始星云在自吸引作用下收缩；中心部分形成太阳，外部形成星云盘；盘中的尘粒和小冰粒沉降到赤道面形成尘层，集聚成固体块——星子；星子结合成行星和卫星等。

关于恒星的演化，一般都主张弥漫说。弥漫说认为：星际云在自吸引收缩中碎裂为许多小云，各小云集聚成恒星。分子云、球状体、藉比格—阿罗天体、红外源，天体微波激射源可能是从星际云到恒星的过渡性天体。但是，在恒星起源问题上，也有少数人坚持超密说，认为恒星是由超密物质转化而成的。

关于星系的起源和演化，存在着弥漫说和超密说。弥漫说认为，星系际弥漫物质逐渐集聚成很大的星系际云，然后分裂成较小的云，形成各种大小不同的星系集团。超密说认为其他星系也都是超密物质形成的。超密说与大爆炸宇宙说相适应。关于星系起源演化问题至今还没有定论，有待进一步探讨。

关于宇宙的起源和演化，常与宇宙模型一起在宇宙学中论述，这方面有大爆炸宇宙学等学派。

除此之外，还有些科学家从物质形态转化的角度，将宇宙线起源、化学元素起源等问题也作为天体演化的课题。

著名天文学家及成就

◆国外著名天文学家

（1）哈　雷

哈雷，英国著名天文学家、数学家。著名的哈雷彗星的发现者。

1673年，哈雷进入牛津大学王后学院，1676年到南大西洋的圣赫勒纳岛测定南天恒星的方位，完成了载有341颗恒星精确位置的南天星表，记录到一次水星凌日，还作过大量的钟摆观测。1678年，星表发表后被选为皇家学会会员；1720年，哈雷任格林威治天文台第二任台长。哈雷编撰了大量的彗星观测记录，而且是第一个全力以赴从事彗星轨道计算的人。1705年，他发表的《彗星天文学论说》一书阐述了1337—1698年观测到的24颗彗星的轨道，并发现了一颗每隔75至76年回归一次的大彗星，这就是著名的“哈雷慧星”。1716年，哈雷设计了观测金星凌日的新方法，希望通过这种观测能精确测定太阳视差并由

哈　雷

此推算出日地距离。1718年，哈雷发表了认明恒星有空间运动的资料。

哈雷还发现了天狼星、南河三和大角这三颗星的自行，以及月球长期的加速现象。

天狼星

（2）哥白尼

哥白尼，波兰天文学家，提出了日心说，并经过长年的观察和计算完成他的伟大著作《天体运行论》。他是近代天文学的奠基人。

哥白尼的“日心说”发表之前，“地心说”在中世纪的欧洲一直居于统治地位。“地心说”认为地球是静止不动的，其他的星体都围着地球这一宇宙中心旋转。处于统治地位的教廷竭力支持地心学说，把“地心说”和上帝创造世界融为一体，用来愚弄人们，维护自己的统治。随着事物的不断发展，天文观测的精确度渐渐提高，人们逐渐发现了地心学说的破绽。到文艺复兴运动时期，人们发现托勒密所提出的均轮和本轮的数目竟多达八十个左右，这显然是不合理、不科学的。

哥白尼

1515年前，哥白尼为阐述自己关于天体运动学说的基本思想撰写了篇题为《浅说》的论文。书中，哥白尼批判了托勒密的理论。科学地阐明了天体运行的现象，推翻了长期以来居于统治地位的地心说，并从根本上否定了基督教关于上帝创造一切的谬论，从而实现了天文学中的根本变革。他正确地论述了地球绕其轴心运转、月亮绕地球运转、地球和其他所有行星都绕太阳运转的事实。但是他也和前人一样严重低估了太阳系的规模。他认为星体运行的轨道是一系列的同心圆，这当然是错误的。他的学说里的数学运算很复杂也很不准确。

哥白尼的日心宇宙体系既然是时代的产物，它就不能不受到时代的限制。反对神学的不彻底性，同时也表现在哥白尼的某些观点上，他的体系是存在缺陷的。但是作为近代自然科学的奠基人，哥白尼的历史功绩是伟大的。哥白尼的伟大成就，不仅铺平了通向近代天文学的道路，而且开创了整个自然界科学向前迈进的新时代。从哥白尼时代起，脱离教会束缚的自然科学和哲学开始获得飞跃的发展。

哥白尼著有阐述日心说的《天

体运行论》，由于受到时代的局限，在日心说中保留了所谓“完美的”圆形轨道等论点。其后开普勒建立行星运动三定律，牛顿发现万有引力定律，以及行星光行差、视差相继发现，日心说遂建立在更加稳固的科学基础上。

（3）伽利略

伽利略，意大利物理学家、天文学家和哲学家，近代实验科学的先驱者。

1590年，伽利略在比萨斜塔上做了“两个铁球同时落地”的著名实验，从此推翻了亚里斯多德“物体下落速度和重量成比例”的学说，纠正了这个持续了1900年之久的错误结论。1609年，伽利略创制了天文望远镜，并用来观测天体，他发现了月球表面的凹凸不平，并亲手绘制了第一幅月面图。1610年1月7日，伽利略发现了木星的四颗卫星，为哥白尼学说找到了确凿的证据，标志着哥白尼学说开始走向胜利。借助于望远镜，伽利略还先后发现了土星光环、太阳黑子、太阳的自转、金星和水星的盈亏现象、月球的周日和周月天平动，以及银河是由无数恒星组成等。这些发现开辟了天文学的新时代。

伽利略

伽利略著有《星际使者》《关于太阳黑子的书信》《关于托勒玫

和哥白尼两大世界体系的对话》和《关于两门新科学的谈话和数学证明》。

为了纪念伽利略的功绩，人们把木卫一、木卫二、木卫三和木卫四命名为伽利略卫星。

（4）开普勒

开普勒，德国天文学家。1600年，开普勒到布拉格担任第谷·布拉赫的助手。1601年第谷去世后，他继承了第谷的事业，利用第谷多年积累的观测资料，仔细分析研究，发现了行星沿椭圆轨道运行，并且提出了行星运动三定律（即开普勒定律），为牛顿发现万有引力定律打下了基础。

在第谷的工作基础上，开普勒经过大量的计算，编制成《鲁道夫星表》，表中列出了1005颗恒星的位置。这个星表比其他星表要精确得多，因此直到18世纪中叶，《鲁道夫星表》仍然被天文学家和航海家们视为珍宝，它的形式几乎没有改变并被保留到今天。

开普勒主要著作有《宇宙的神秘》《光学》《宇宙和谐论》《哥白尼天文学概要》《彗星论》和《稀奇的1631年天象》等。其中，在《宇宙和谐论》中，开普勒找到了最简单的世界体系，只需7个椭圆就可以描述天体运动的体系了。在《彗星论》中，他指出彗星的尾巴总是背着太阳，是因为太阳排斥彗头的物质造成的，这是距今半个世纪以前对辐射压力存在的正确预言。此外，开普勒还发现了大气折射的近似定律。

为了纪念开普勒的功绩，国际天文学联合会决定将1134号小行星命名为开普勒小行星。

（5）亚当斯

亚当斯，英国天文学家，海王星的发现者之一。

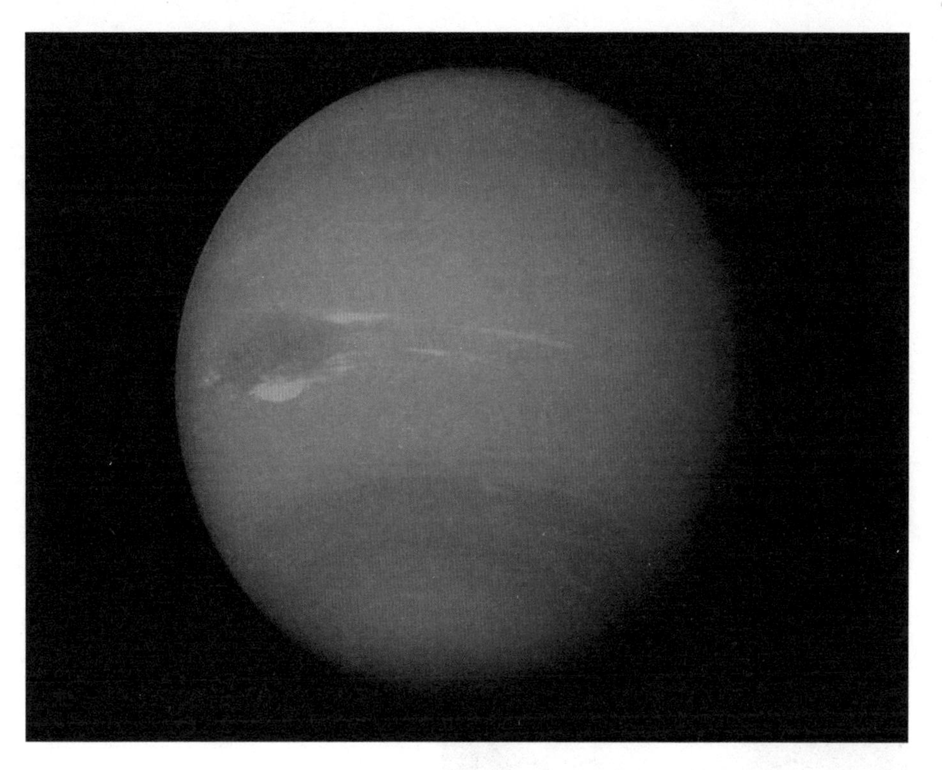

海王星

1843年，亚当斯毕业于剑桥圣约翰学院，后在剑桥大学任教，两次当选英国皇家天文学会会长，1861年起任剑桥大学天文台台长。通过对天王星的观测资料，他在1844—1845年计算出了另一颗行星的轨道参数，但未受重视，直到1846年海王星被发现，人们才想起他的工作，后亚当斯被公认为海王星的共同发现者。亚当斯的研究还涉及月球运动长期加速现象、地磁场、狮子座流星雨轨道等领域，曾获得英国皇家天文学会的金质奖章。

（6）梅西耶

梅西耶，法国著名的天文学家。他的成就在于给星云、星团和星系编上了号码，并制作了著名的

“梅西耶星团星云列表”。

梅西耶幼年家境贫寒，但有很强的求知欲和奋斗精神。1751年，梅西耶只身来到巴黎，被一位天文学家雇佣描图。尽管并未受过系统的专业教育，但他的好学和勤奋使他很快成为了那位天文学家的得力助手。不久，在天文学家的指导下，他开始进行天文观测。

1758年，梅西耶根据以前的观测，开始搜索预料会出现的哈雷彗星。于此年1月21日终于发现了。但是，这比另一位天文学家的发现却迟了一个月。

1760年，梅西野接任天文官的职务。在搜寻彗星的过程中，苦于彗星和其他天体经常模糊混淆的梅西耶，从1764年初开始制作一张彗星和星际间朦胧天体的列表。在同年末，他做成了一张40个天体的列表，而且他还把古希腊时期的亚里士多德注意到的M39也收入到梅西耶星云星团表。此后，于1765年发现大犬座的M41后，他又在列表中追加了M41-M45等五个天体。

梅西耶

1770年，梅西耶又发现了一颗彗星，并成为了巴黎学士院的正式成员。他在一生中总共发现了12颗彗星。他还分别于1771年、1781年和1784年发表了《梅西耶星团星云

哈雷彗星

列表》的第一卷（M1-M45）、第二卷（M46-M68）和第三卷（M69-M103）。

列在这些列表上的天体，都被称为“梅西耶天体”。例如，M31代表仙女座星系。梅西耶考虑到列表的体裁，将二重星（M40）或星团（M45等）也列入其中。

后人为了纪念他，将月球上一个陨石坑命名为“梅西耶”，另外7359号小行星亦以他名字命名。

（7）康　德

康德，德国哲学家、天文学家、星云说的创立者之一、德国古典唯心主义创始人。

1754年，康德发表了论文《论地球自转是否变化和地球是否要衰老》，对“宇宙不变论”

康 德

吸引的微粒最多，首先形成太阳。外面微粒的运动在太阳吸引下向中心体下落是于其他微粒碰撞而改变方向，成为绕太阳的圆周运动，这些绕太阳运转的微粒逐渐形成几个引力中心，最后凝聚成绕太阳运转的行星。卫星的形成过程与行星相似。

大胆提出怀疑。1755年，康德发表《自然通史和天体论》一书，首先提出太阳系起源星云说。康德在书中指出：太阳系是由一团星云演变来的。这团星云由大小不等的固体微粒组成，“天体在吸引力最强的地方开始形成”，引力使微粒相互接近，大微粒吸引小微粒形成较大的团块，团块越来越大，引力最强的中心部分

（8）海 尔

海尔，美国天文学家。在海尔的组织下，美国安装过不少巨型望远镜。在叶凯士天文台安装的1.02米折射望远镜，到现在仍然是世界上最大的折射望远镜。1917年，海尔组织在威尔逊山天文台安装了2.54米胡克望远镜，它是第一架也是三十年内唯一能够提供借以确定银河系实际大小与我们的太阳系所处位置信息的仪器，它使人类有可能估量到自己所在星系的大小和性质，估量出河外星系的本

质和运动。海尔还在帕洛玛山天文台安装了5.08米反射望远镜，它拍摄和分辨遥远天体的能力比胡克望远镜要优越得多：它能拍摄23等的暗星，能探测距离我们远达几亿光年的暗弱星系。为了纪念海尔的不朽业绩，这架5.08米的望远镜被命名为“海尔反射望远镜”。

海尔通过太阳色球层的日珥照片，发现了太阳耀斑的存在，他还发现了太阳黑子中强磁场的存在，这是对地球外磁场的最早发现。

1895年，海尔创刊了《天体物理学》杂志，他的著作有《恒星演化研究》《天文台的十年工作》《新的星空》《宇宙的深度》等。

为了纪念海尔的功绩，1969年威尔逊山天文台和帕洛玛山天文台合并时，统一改名为“海尔天文台”。

（9）哈　勃

哈勃，美国天文学家。研究现

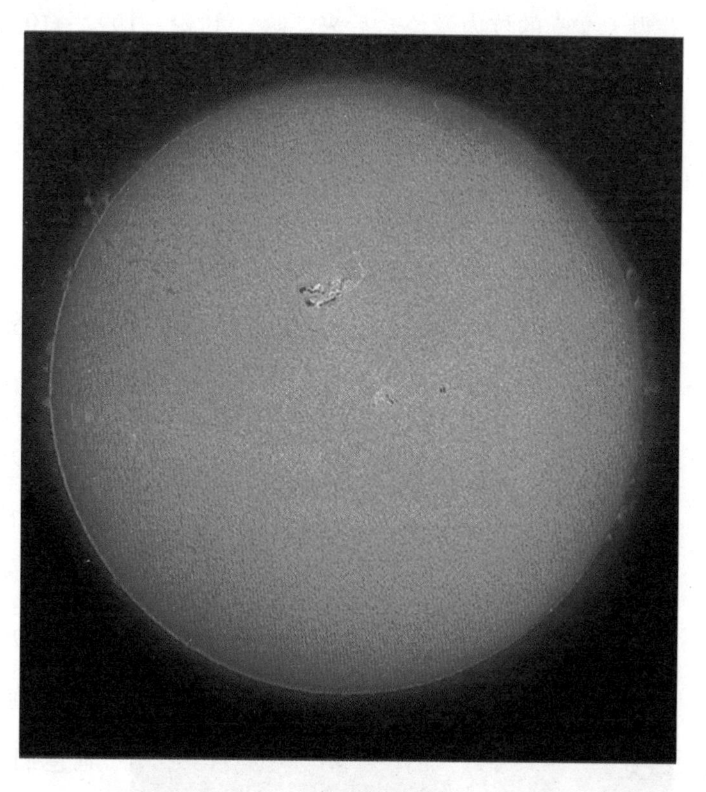

太阳黑子

代宇宙理论最著名的人物之一，是河外天文学的奠基人。他发现了银河系外星系的存在及宇宙不断膨胀，是银河外天文学的奠基人和提供宇宙膨胀实例证据的第一人。

哈勃在读芝加哥大学的时候，就受到天文学家海尔的启发，开始对天文学发生兴趣。他在校时即已获得天文学的校内学位。后来，哈勃集中精力研究天文学，并返回芝加哥大学，在该校设于威斯康星州的叶凯士天文台工作。在获得天文学哲学博士学位和从军参战以后，他便开始在威尔逊天文台专心研究河外星系并作出新发现。20世纪20年代，天文界围绕星系是不是银河系的一部分这个问题展开了一场大讨论。1922—1924年期间，哈勃发现星云并非都在银河系内。哈勃在分析一批造父变星的亮度以后断定，这些造父变星和它们所在的星云距离我们远达几十万光年，因而一定位于银河系外。这项于1924年公布的发现使天文学家不得不改变对宇宙的看法。

哈　勃

1925年，当哈勃根据河外星系的形状对它们进行分类时，他又得出第二个重要的结

论：星系看起来都在远离我们而去，且距离越远，远离的速度越高。这一结论意义深远，以为一直以来，天文学家都认为宇宙是静止的，而现在发现宇宙是在膨胀的。并且更重要的是，哈勃于1929年还发现宇宙膨胀的速率是一常数。这个被称为哈勃常数的速率就是星系的速度同距离的比值。后来经过其他天文学家的理论研究之后，宇宙已按常数率膨胀了100～200亿年。1929年，在斯赖佛发现谱线红移现象的基础上，哈勃结合自己的观测资料，提出星系距离越远，红移越大，也就是说，越远的星系正以越快的速度飞驰而去，这被称为“哈勃定律”。

提到哈勃，就不得不提到哈勃太空望远镜。哈勃太空望远镜是以

哈勃太空望远镜

天文学家哈勃为名，在轨道上环绕着地球的望远镜。他的位置在地球的大气层之上，因此获得了地基望远镜所没有的好处——影像不会受到大气湍流的扰动，视相度绝佳又没有大气散射造成的背景光，还能观测会被臭氧层吸收的紫外线。

哈勃太空望远镜于1990年发射之后，已经成为天文史上最重要的仪器。它已经填补了地面观测的缺口，帮助天文学家解决了许多根本上的问题，对天文物理有更多的认识。

自然科学小百科

常见的光学名词

口径：意指主镜片之直径。而口径越大，成像品质越佳，分解能力越高，其集光力越强。

焦距：意指光线经由主镜片至成像焦点的距离。

焦比：焦比的计算方式：焦距÷主镜口径=F（焦比）。F小于5的适合用于直焦摄影;F大于9以上的较适合做观测或扩大摄影。另介于5和9之间的，则是可摄影，观测及扩大摄影用。

倍率：倍率的计算方式：物镜焦距÷目镜焦距。但望远镜在提升倍率时也有一定的限度，不能过分地提高倍率，否则所见的影像会变得模糊、黑暗，并且视野变地狭窄而看不清影像。适当的高倍应为主镜口径的十倍，最高以十五倍为限。

集光力：依肉眼瞳孔在夜间开到最大时所集到的光亮为1。在望远镜来说，与主镜的口径大小有关，口径越大，相对的集光力就越佳。而集光力越佳，其成像品质也就越好。

分解能：简单的说就是将两个相当接近的物体，能将其解测出最小的角度（角距离）：而角度最小是以秒为表示单位。主镜的有效口径越大，其分解能就越好，看到的影像就越细致;但这数值必须依视野状态及镜片品质好坏，也有着很大的差异。

色差：即在影像的周边出现如彩虹般的色彩，通常为蓝色，红色或紫色等。

像差：一般普通的望远镜在观赏物体时，或许是视野中央的部份很清楚，很清晰，但在视野的周围会模糊或是影像歪曲，变形，这种性质就是像差。几乎所有的望远镜都有像差，而像差的大小会影响到望远镜的价值。

视野：指所见到的范围大小，以角度表示其大小。而肉眼的视野大小约上下六十度，左右九十度的程度。但透过望远镜观看时，因倍率提升，视野相对会变窄。而在低倍率时的视野，一定会比高倍率的视野为大。

极限星等：当在无云、无月光及其他人工光亮的夜晚，使用望远镜所能看见的最暗星等。肉眼直接所能见的最暗星等约为六等星，但因望远镜能有集光的效果，所以能看见肉眼所直接看不到的为暗光线。相对在望远镜的主镜口径大小，也决定了所能看见的极限星等。

◆中国著名天文学家

（1）甘　德

甘德，战国时楚国人。他与石申经过长期的天文观测各自写出一部天文学著作，后人把这两部著作结合起来，称为《甘石星经》，是现存世界上最早的天文学著作。

在《甘石星经》一书中，记录了800颗恒星的名字，其中121颗恒星的位置已被测定，是世界最早的恒星表。《甘石星经》比希腊天文学家伊巴谷在公元前二世纪测编的欧洲第一个恒星表还早约200年。可惜的是，《甘石星经》在宋代就失传了，在唐代的《开元占经》中还保存一些片断，南宋晁公武的《郡斋读书志》的书目中保存了它的梗概。

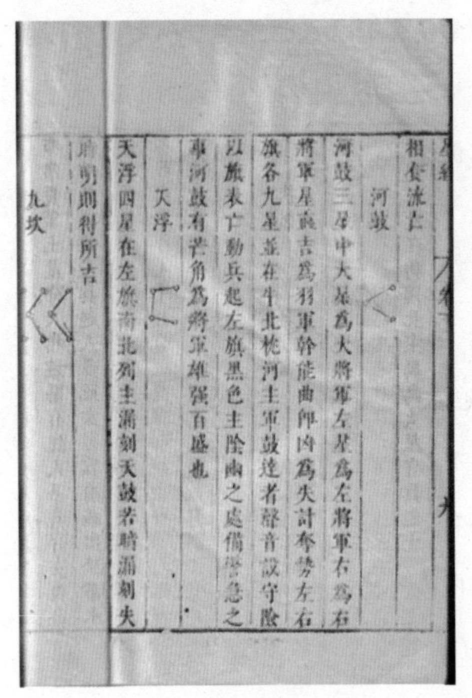
相食流亡
河鼓
河鼓三星中大星爲大將軍左星爲左將軍右星爲右
將軍星直吉爲羽軍幹能曲卸內爲失討奪勢左右
旗各九星並在牛北枕河主軍鼓違者聲音設守險
以旗表亡動兵起左旗黑色主陰幽之處備警急之
事河鼓有芒角爲將軍雄強百盛也
天浮
天浮四星在左旗南北列主漏刻天鼓若晴漏刻失
則明則利所吉
九坎

《甘石星经》

（2）张　衡

张衡，字平子，我国东汉时期伟大的天文学家，为我国天文学的发展作出了不可磨灭的贡献。张衡在天文学方面有两项最重要的工作——著《灵宪》，作浑天仪。此外，张衡在历法方面也有所研究。

《灵宪》是张衡有关天文学的一篇代表作，全面体现了张衡在天文学上的成就和发展。原文被《后汉书·天文志》刘昭注所征引而传世。文中介绍的天文学要点如下：宇宙的起源、关于宇宙

张　衡

浑天仪是张衡所做的一种演示天球星象运动用的表演仪器，其主体与现今的天球仪相仿。不过张衡的天球上画的是他所定名的444官2500颗星。浑天仪的黄、赤道上都画上了二十四气。贯穿浑天仪的南、北极，有一根可转动的极轴。张衡天球上还有日、月、五星。这7个天体除了有和天球一道东升西落的周日转动之外，还有各自在恒星星空背景上复杂的运动。

的无限性、关于天地的结构、关于日、月的角直径、关于月食原因、关于五星的运动、关于星官、流星和陨星等内容。作为一篇杰出的古代天文学著作，《灵宪》当然也会有许多不足的地方。文中流露的种种星占术思想，也是不科学的。尽管《灵宪》有一些缺点，但是它在天文学史上的意义并不因此而逊色。

张衡是东汉中期浑天说的代表人物之一。他指出月球本身并不发光，月光其实是日光的反射；他还正确地解释了月食的成因，并且认识到宇宙的无限性和行星运动的快慢与距离地球远近的关系。张衡观测记录了2500颗恒星，创制了世界上第一架能比较准确地表演天象的漏水转浑天仪，第一架测试地震的仪器——候风地动仪，还制造出了指南车、自动记里鼓车、飞行数里

的木鸟等。

为了纪念张衡的功绩，人们将月球背面的一环形山命名为“张衡环形山”，将小行星1802命名为“张衡小行星”。

在天文学方面，祖冲之创制了中国历法史上著名的新历——《大明历》。《大明历》亦称“甲子元历”。南北朝一部先进的历法。成历于公元462年，祖冲之时年33

张衡浑天仪模型

岁。规定一回归年为365.2428日，是我国赵宋统天历（公元1199年）以前最理想的一个数据。在《大明历》中，祖冲之首次引用了岁差。

（3）祖冲之

祖冲之，字文远，南北朝时期杰出的数学家、天文学家和机械制造家。

所谓“岁差”就是由于地球在运行过程中受到其他天体的吸引作用，地球自转轴的方向发生缓慢而微小的变化。因此从这一年的冬至到下一年的冬至，从地球上看，太阳并没有回到原来的位置，而是岁岁后移，这也就引起了24节气位置的变动。祖冲之确定每45年11月差1°，因为他所根据的天文史料都是不够准确的，所以他提出的数据自然也不可能十分准确。尽管如此，祖冲之把岁差应用到历法中，这在天文历法史上却是一个创举，为我国历法的改进揭开了新的一页。他还采用了391年中设置144个闰月的新闰周，比古代发明的19年7闰的闰周更加精密。祖冲之推算的回归年和交点月天数都与观测值非常接近。

此外，祖冲之对木、水、火、金、土等五大行星在天空运行的轨道和运行一周所需的时间，也进行了观测和推算。我国古代科学家算

祖冲之

出木星（古代称为岁星）每十二年运转一周。西汉刘歆作《三统历》时，发现木星运转一周不足十二年。祖冲之更进一步，算出木星运转一周的时间为11.858年。现代科学家推算木星运行的周期约为11.862年。祖冲之算得的结果，同这个数字仅仅相差0.04年。此外，祖冲之算出水星运转一周的时间为115.88日，这同近代天文学家测定的数字在两位小数以内完全一致。他算出金星运转一周的时间为583.93日，同现代科学家测定的数字仅差0.01日。

为了纪念祖冲之的功绩，人们将月球背面的一环形山命名为“祖冲之环形山”，将小行星1888命名为“祖冲之小行星”。

（4）沈　括

沈括，字存中，北宋时期著名的科学家，同时又是一位杰出的政治家和军事家。

在天文学方面，在司天监期间，沈括为提高仪器的精度进行了大量工作，曾改制浑仪、浮漏和景表等天文仪器，撰《浑仪议》《浮漏议》和《景表议》；亲自观测天象，绘制测定北极星位置的图二百多张；并曾在几年内坚持观测表影和漏壶的运行，由此提出了因太阳运动不均匀而引起的时差现象；在晚年，他提出一种全新的纯阴历《十二气历》，这种历法简单明了，便于指导农事。

晚年，沈括潜心写作，将平生见闻和科学研究记载于《梦溪笔谈》之中。书中涉及科学条目二百多条，内容包括数学、天文、气象、地质、地理、地图、物理、化学、冶金、水利、建筑、生物、农学和医药等许多领域，是世界科技史中的一份宝贵的遗产。

为了纪念沈括的功绩，人们将小行星2027命名为“沈括小行

星”。

（5）郭守敬

沈括画像

郭守敬，字若思，元朝天文学家、水利学家、数学家和仪表制造家。郭守敬编撰的天文历法著作有《推步》《立成》《历议拟稿》《仪象法式》《上中下三历注式》和《修历源流》等十四种，共105卷。

郭守敬还和王恂、许衡等人，共同编制出我国古代最先进、施行最久的历法《授时历》。为了编历，他创制和改进了简仪、高表、候极仪、浑天象、仰仪、立运仪、景符、窥几等十几件天文仪器仪表；还在全国各地设立二十七个观测站，进行了大规模的“四海测量”，测出的北极出地高度平均误差只有0.35；新测二十八宿距度，平均误差还不到5'；测定了黄赤交角新值，误差仅1'多；取回归年长度为365.2425日，与现今通行的公历值完全一致。

《授时历》为公元1281年实施的历法名，因元世祖忽必烈封赐而得名，原著及史书均称其为《授时历经》。其法以365.2425日为一岁，距近代观测值365.2422仅差26

郭守敬

秒，精度与公历（指1582年罗马教皇格里高利十三世颁布实行的历法，称《格里高利历》，在中国称公历或阳历）相当，但比西方早采用了300多年。每月为29.530593日，以无中气之月为闰月。它正式废除了古代的上元积年，而截取近世任意一年为历元，打破了古代制历的习惯，是我国历法史上的第四次大改革。明初颁行的“大统历”基本上就是“授时历”，如把这两种历法看成一种，可以说是我国历史上施行最久的历法，达364年。

为纪念郭守敬的功绩，人们将月球背面的一环形山命名为“郭守敬环形山”，将小行星2012命名为“郭守敬小行星”。

（6）徐光启

徐光启，字子光，号元扈，谥文定，明末著名的科学家。他是第一个把欧洲先进的科学知识，特别是天文学知识介绍到中国的第一人，可谓我国近代科学的先驱。

徐光启在天文学上的成就主要是主持历法的修订和《崇祯历书》的编译。编制历法，在中国古代乃是关系到“授民以时”的大事，为历代王朝所重视。由于中国古代数学历来以实际计算见长，重视和历法编制之间的关系，因此中国古代历法准确的程度是比较高。但是到了明末，却明显地呈现出落后的状态。明代施行的《大统历》，实际上就是元代《授时历》的继续，日久天长，已严重不准。崇祯二年五月朔日食，徐光启以西法推算最为精密，礼部奏请开设历局。以徐光启督修历法，改历工作终于走上正轨，但后来满清侵入中原，改历工作在明代实际并未完成。当时协助徐光启进行修改历法的中国人有李之藻、李天经等，还有外国传教士有龙华民、庞迪峨、熊三拔、阳玛诺、艾儒略、邓玉函、汤若望等。

徐光启

徐光启在天文历法方面的成就，主要集中于《崇祯历书》的编译和为改革历法所写的各种疏奏之中。《崇祯历书》的编译，自崇祯四年起至十一年完成。全书46种，137卷。在历书中，他引进了圆形地球的概念，明晰地介绍了地球经度和纬度的概念。他为中国天文界引进了星等的概念；根据第谷星表和中国传统星表，提供了第一个全天性星图，成为清代星表的基础；在计算方法上，徐光启引进了球面

和平面三角学的准确公式，并首先作了视差、蒙气差和时差的订正。《崇祯历书》的编纂对于我国古代历法的改革是一次飞跃性的突破，它奠定了我国近三百年历法的基础。徐光启的编历工作为中国天文学由古代向现代发展奠定了一定的思想理论和技术基础。

第三章

物理学

物理学是研究宇宙间物质存在的基本形式、性质、运动和转化、内部结构等方面，从而认识这些结构的组成元素及其相互作用、运动和转化的基本规律的科学。物理学的各分支学科是按物质的不同存在形式和不同运动形式划分的。

物理学主要研究的是宇宙的基本组成要素：物质、能量、空间、时间及它们的相互作用，借由被分析的基本定律与法则来完整了解这个系统。人对自然界的认识来自于人类不断进行的实践活动，随着人类实践活动的扩展和深入，物理学的内容也随之有了一定的发展。随着物理学各分支学科的发展，人们发现物质的不同存在形式和不同运动形式之间存在着联系，于是各分支学科之间开始互相渗透。物理学也逐步发展成为各分支学科彼此密切联系的统一整体。物理学家力图寻找一切物理现象的基本规律，从而统一地理解一切物理现象。

在这一章里，我们就来一起谈一下物理学的相关内容。

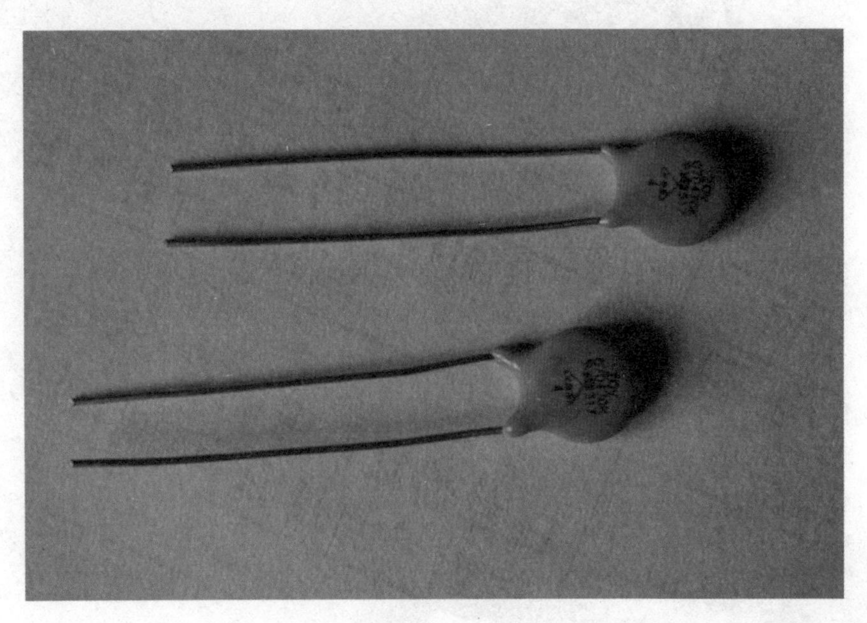

电 阻

物理学概述

“物理”一词出自希腊文，原本的意思是指自然。因此，古时候的欧洲人习惯把物理学称为“自然哲学”。但是，从最广泛的意义上来说，物理学是研究大自然现象及规律的学问。从研究角度及观点来看，物理学可分为微观与宏观两部分，宏观是不分析微粒群中的单个作用效果而直接考虑整体效果，是最早期就已经出现的；微观物理学是随着科技的发展理论逐渐完善的。

量子物理

物理学是人们对无生命自然界中物质的转变的知识做出规律性的总结。这种运动和转变主要有两方面的内容：一是早期人们通过感官视觉的延伸；二是近代人们通过发明创造提供观察测量用的科学仪器，实验得出的结果，间接认识物质内部组成建立在的基础上。此外，物理学还是一种智能。之所以说物理学之是人们公认的一门重要科学，不仅仅是因为物理学深刻地揭示了客观世界的规律，还因为物理学在发展、成长的过程中，形成了一整套独特而卓有成效的思想方法体系。因此，物理学被人们称为人类智能的结晶，文明的瑰宝。

物理学还与其他许多自然科学息息相关，如数学、化学、生物和地理等。特别是数学、化学、地理学。化学与某些物理学领域的关系深远，如量子力学、热力学和电磁学，而数学是物理的基本工具，地理的地质学要用到物理的力学，气象学和热学有关。

自然知识小百科

诺贝尔物理学奖获得者（1970—1979年）

1970年 L.内尔（法国人）从事铁磁和反铁磁方面的研究。

H.阿尔文（瑞典人）从事磁流体力学方面的基础研究。

1971年 D.加博尔（英国人）发明并发展了全息摄影法。

1972年 J. 巴丁、L. N. 库柏、J.R.施里弗（美国人）从理论上解释了超导现象。

1973年 江崎玲于奈（日本人）、贾埃弗（美国人）通过实验发现

半导体中的“隧道效应”和超导物质。

约瑟夫森（英国人）发现超导电流通过隧道阻挡层的约瑟夫森效应。

1974年　M.赖尔、A.赫威斯（英国人）从事射电天文学方面的开拓性研究。

1975年　A.N. 玻尔、B.R.莫特尔森（丹麦人）、J.雷恩沃特（美国人）从事原子核内部结构方面的研究。

磁　铁

1976年　B. 里克特（美国人）、丁肇中（美籍华人）发现很重的中性介子－J/ϕ粒子。

1977年　P.W. 安德林、J.H. 范弗莱克（美国人）、N.F.莫特（英国人）从事磁性和无序系统电子结构的基础研究。

1978年　P.卡尔察（俄国人）从事低温学方面的研究。

A.A.彭齐亚斯、R.W.威尔逊（美国人）发现宇宙微波背景辐射。

1979年　谢尔登·李·格拉肖、史蒂文·温伯格（美国人）、A. 萨拉姆（巴基斯坦）预言存在弱中性流，并对基本粒子之间的弱作用和电磁作用的统一理论作出贡献。

物理学发展简史

远古时代，人们就试图去理解世界：为什么物体会往地上掉，为什么不同的物质有不同的性质等。关于宇宙的性质，同样也是一个解不开的谜，比如地球、太阳以及月亮这些星体是遵循什么规律在运动，并且是什么力量决定着这些规律。人们也尝试着提出各种理论去解释这个世界，然而很少有正确的结论。就拿托勒密和亚里士多德提出的理论来说吧，其中有一些是与我们日常所观察到的事实完全相反的。当然，也有的理论是正确的，比如印度的一些哲学家和天文学家在原子论和天文学方面所给出的许多描述，再比如希腊的思想家阿基米德在力学方面提出的阿基米德定律，这些都是正确的理论。

亚里士多德

17世纪末期，人们开始对原先持有的真理提出疑问并致力于寻求新的答案，这一变化导致科学研究

有了有了重大的进展。因此，17世纪末期被称为科学革命时期。科学革命的前兆可追溯到在印度及波斯所做出的重要发展，包括：印度数学暨天文学家Aryabhata以日心的太阳系引力为基础所发展而成的行星轨道之椭圆的模型、哲学家Hindu及Jaina发展的原子理论基本概念、由印度佛教学者所发展的能量粒子理论、由穆斯林科学家所发展的光学理论、由波斯的天文学家所发明的星象盘，以及波斯科学家所指出托勒密体系之重大缺陷。

托勒密

如今，物理学的发展历史由低级到高级，已基本建立了物理学理论的结构，物理学理论的结构由常数G、c和h控制。

第一级：牛顿力学（G，h，1/c=0）

第二级：牛顿的引力理论（h，1/c=0，G不为0）

爱因斯坦的狭义相对论，不包括引力（h，G=0，1/c不为0）

量子力学（G，1/c=0，h不为0）

第三级：爱因斯坦的广义相对论（h=0，G，1/c不为0）

相对论的量子力学（G=0，h，1/c不为0）

牛顿量子引力（1/c=0，h，G不为0）

终极：相对论量子引力理论（1/c，h，G全不为0）

诺贝尔物理学奖获得者（1980—1989年）

1980年，美国人克罗宁、菲奇发现中性K介子衰变中的宇称（CP）不守恒。

1981年，瑞典人西格巴恩开发出高分辨率测量仪器布洛姆伯根、美国人肖洛对发展激光光谱学和高分辨率电子光谱做出贡献。

诺贝尔奖牌

1982年，美国人威尔逊提出与相变有关的临界现象理论。

1983年，美国人昌德拉塞卡、福勒从事星体进化的物理过程的研究。

1984年，意大利人鲁比亚、荷兰人范德梅尔对导致发现弱相互作用的传递者场粒子W±和Z 0的大型工程作出了决定性贡献。

1985年，德国人冯·克里津发现量了霍耳效应并开发了测定物理常数的技术。

1986年，德国人鲁斯卡在电光学领域做了大量基础研究，开发了第一架电子显微镜。

德国人比尼格、瑞士人罗雷尔设计并研制了新型电子显微镜——扫描隧道显微镜。

1987年，德国人贝德诺尔斯、瑞士人米勒发现氧化物高温超导体。

1988年，莱德曼、施瓦茨、美国人斯坦伯格发现μ子型中微子，从而揭示了轻子的内部结构。

1989年，德国人保罗、德默尔特、美国人拉姆齐创造了世界上最准确的时间计测方法——原子钟，为物理学测量作出杰出贡献。

物理学分支

◆牛顿力学

牛顿力学是直接以牛顿运动定律为出发点来研究质点系统的运动。它开始于17世纪以后，以牛顿运动定律为基础，以质点为对象，着眼于力的概念，在处理质点系统问题时，须分别考虑各个质点所受的力，然后来推断整个质点系统的运动。牛顿力学认为质量和能量各自独立存在，且

牛　顿

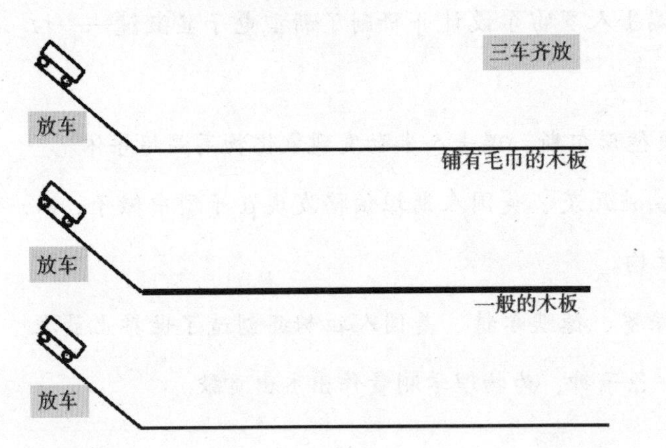

牛顿第一定律

各自守恒，只适用于物体运动速度远小于光速的范围。牛顿力学较多采用直观的几何方法，在解决简单的力学问题时，比分析力学方便简单。

牛顿力学包括基本的三个定律：

（1）牛顿第一定律

牛顿第一定律也称为惯性定律，它的主要内容是指一切物体在没有受到力的作用时，总保持静止状态或匀速直线运动状态。此外，第一定律也阐明了力的概念。明确了力是物体间的相互作用，指出了是力改变了物体的运动状态。因为加速度是描写物体运动状态的变化，所以力是和加速度相联系的，而不是和速度相联系的。但是，需要注意的是，牛顿第一定律并不是在所有的参照系里都成立，实际上它只在惯性参照系里才成立。因此常常把牛顿第一定律是否成立，作为一个参照系是否惯性参照系的判据。

（2）牛顿第二定律

牛顿第二定律的内容是指物体在受到合外力的作用会产生加速度，加速度的方向和合外力的方向相同，加速度的大小与合外力的大

小成正比，与物体的惯性质量成反比。牛顿第二定律定量描述了力作用的效果，定量地量度了物体的惯性大小。它是矢量式，并且是瞬时关系。需要注意的是，物体受到的不为零合外力，会产生加速度，使物体的运动状态或速度发生改变，但是这种改变是和物体本身的运动状态有关的。牛顿第二定律有一定的局限性，该定律只用于宏观物体的低速运动，而处理微观粒子的高速运动用量子力学。

（3）牛顿第三定律

牛顿第三定律的内容是指两个物体之间的作用力和反作用力，在同一条直线上，大小相等，方向相反。物体之间的相互作用是通过力体现的，要想改变一个物体的运动状态，必须有其它物体与之相互作用。力的作用还是相互的，有作用力就必然有反作用力。在这里，需要注意：作用力和反作用力是没有主次、先后之分的。同时产生、同时消失。这一对力是作用在不同物体上，不可能抵消；作用力和反作用力必须是同一性质的力；作用力与反作用力与参照系无关。

◆电磁学

电磁学是研究电磁和电磁的相互作用现象，及其规律和应用的物理学分支学科。广义的电磁学可以说是包含电学和磁学，但从狭义上来说则是一门探讨电性与磁性交互关系的学科。其主要研究电磁波、电磁场以及有关电荷、带电物体的动力学等。和电磁学密切相关的是

作用力与反作用力

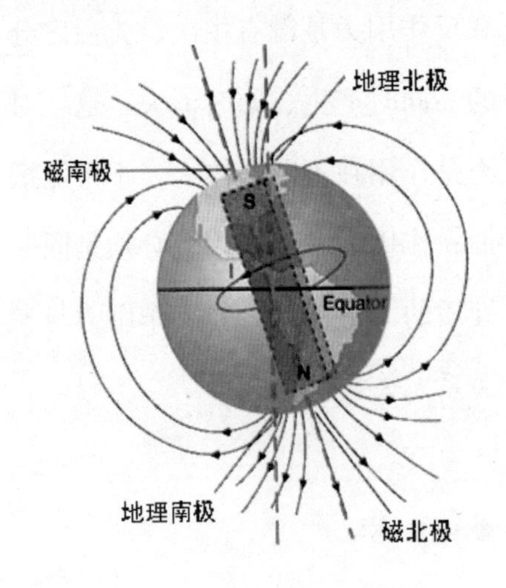

电磁学

经典电动力学，两者在内容上没有原则的区别。一般说来，电磁学侧重于研究电磁现象的实验，从广泛的电磁现象研究中归纳出电磁学的基本规律。经典电动力学则侧重于研究理论方面，它以麦克斯韦方程组和洛伦兹力为基础，研究电磁场分布，电磁波的激发、辐射和传播，以及带电粒子与电磁场的相互作用等电磁问题。也可以说，广义的电磁学包含了经典电动力学。电磁学的基本方程为麦克斯韦方程组，此方程组在经典力学的相对运动转换（伽利略变换）下形式会变。在伽里略变换下，光速在不同惯性座标下会不同。保持麦克斯韦方程组形式不变的变换为洛伦兹变换，在此变换下，不同惯性座标下光速恒定。电磁学还有一些相关学科，如静电学、电路学、静磁学、感应电动势与电磁波。

◆热力学

热力学是从18世纪末期发展起来的理论，主要是研究功与热之间的能量转换。它不涉及物质的微观结构和微观粒子的相互作用，也不涉及特殊物质的具体性质，是一种唯象的宏观理论，对一切物质都适用，这是它的特点。

热力学的完整理论体系是由几个基本定律以及相应的基本状态函数构成的，这些基本定律是以大量

实验事实为根据建立起来的。

（1）热力学第一定律：也就是能量守恒定律，是能量守恒定律在一切涉及热现象的宏观过程中的具体表现。描述系统热运动能量的状态函数是内能。内能通过作功、传热，系统与外界交换能量，内能改变 。

（2）热力学第二定律：热力学第二定律指出一切涉及热现象的宏观过程是不可逆的。它阐明了在这些过程中能量转换或传递的方向、条件和限度。相应的态函数是熵，熵的变化指明了热力学过程进行的方向，熵的大小反映了系统所处状态的稳定性。

（3）热力学第三定律：热力学第三定律指出绝对零度是不可能达到的。

上述热力学定律以及三个基本状态函数温度、内能和熵构成了完整的热力学理论体系。为了在各种不同条件下讨论系统状态的热力学特性，还引入了一些辅助的态函数，如焓、亥姆霍兹函数（自由能）、吉布斯函数等。从热力学的基本定律出发，应用这些态函数，经过数学推演得到系统平衡态的各种特性的相互联系，这就是热力学的方法，也是热力学的基本内容。

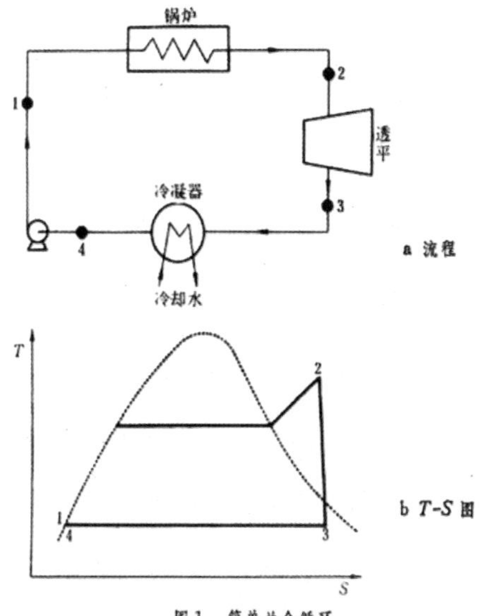

热力学过程示意图

◆相对论

相对论是关于时空和引力的基本理论，主要由爱因斯坦创立，分为狭义相对论（特殊相对论）和广义相对论（一般相对论）。

狭义相对论和广义相对论的区别是，前者讨论的是匀速直线运动的参照系（惯性参照系）之间的物理定律，后者则推广到具有加速度的参照系中（非惯性系），并在等效原理的假设下，广泛应用于引力场中。相对论和量子力学是现代物理学的两大基本支柱。相对论解决了高速运动问题，颠覆了人类对宇宙和自然的“常识性”观念，提出了“时间和空间的相对性”“四维时空”“弯曲空间”等全新的概念。狭义相对论最著名的推论是质能公式，它可以用来计算核反应过程中所释放的能量，并导致了原子弹的诞生。而广义相对论所预言的引力透镜和黑洞，也相继被天文观测所证实。

◆量子力学

量子力学是研究微观粒子的运动规律的物理学分支学科，它主要研究原子、分子、凝聚态物质，以及原子核和基本粒子的结构、性质的基础理论，它与相对论一起构成了现代物理学的理论基础。量子力学不仅是近代物理学的基础理论之一，而且也广泛应用于化学等有关学科和许多近代技术之中。量子力学的基本原理包括量子态的概念，运动方程、理论概念和观测物理量之间的对应规则和物理原理。量子力学是描述微观世界结构、运动与变化规律的物理科学。它是20世纪人类文明发展的一个重大飞跃。量子力学在低速、微观的现象范围内具有普遍适用的意义。它是现代物理学基础之一，在现代科学技术中的表面物理、半导体物理、凝聚态

量子力学

物理、粒子物理、低温超导物理、量子化学以及分子生物学等学科的发展中，都有重要的理论意义。量子力学的产生和发展标志着人类认识自然实现了从宏观世界向微观世界的重大飞跃。

◆光　学

光学是研究光的行为和性质，以及光和物质相互作用的物理学科。狭义来说，光学是关于光和视见的科学，optics（光学）这个词，早期只用于跟眼睛和视见相联系的事物。而今天，常说的光学是广义的，是研究从微波、红外线、可见光、紫外线直到 X射线的宽广波段范围内的，关于电磁辐射的发生、传播、接收和显示，以及跟物质相互作用的科学。光学是物理学的一个重要组成部分，也是与其他应用技术紧密相关的学科。

通常情况下，我们把光学分成

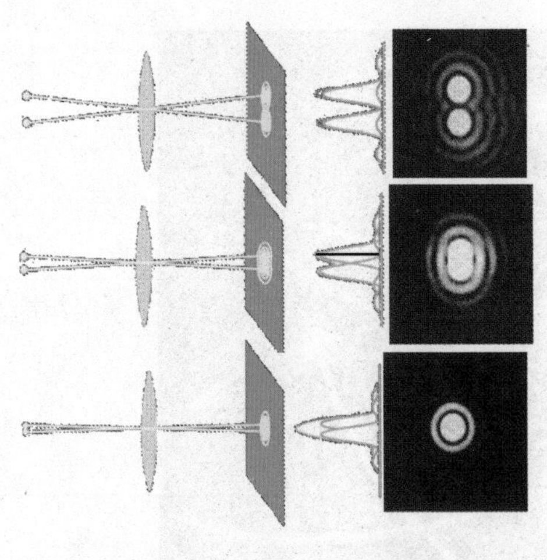

光的衍射

几何光学、物理光学和量子光学。几何光学是从几个由实验得来的基本原理出发，来研究光的传播问题的学科。它利用光线的概念、折射、反射定律来描述光在各种媒质中传播的途径，它得出的结果通常总是波动光学在某些条件下的近似或极限。物理光学是从光的波动性出发来研究光在传播过程中所发生的现象的学科，所以也称为波动光学。它可以比较方便地研究光的干涉、光的衍射、光的偏振，以及光在各向异性的媒质中传播时所表现出的现象。波动光学的基础就是经典电动力学的麦克斯韦方程组。量子光学是以辐射的量子理论研究光的产生、传输、检测及光与物质相互作用的学科。

此外，物理学还包括粒子物理学、原子核物理学、原子分子物理学、固体物理学、凝聚态物理学、激光物理学、等离子体物理学、地球物理学、生物物理学、天体物理学、海洋物理学等。通常还将理论力学、电动力学、热力学与统计物理学、量子力学统称为四大力学。

诺贝尔物理学奖获得者（1990—1999年）

1990年，美国人J.I.弗里德曼、H.W.肯德尔、加拿大人理查德·E.泰勒通过实验首次证明了夸克的存在。

1991年，法国人皮埃尔—吉勒·德·热纳从事对液晶、聚合物的理论研究。

1992年，法国人G.夏帕克开发了多丝正比计数管。

1993年，美国人R.A.赫尔斯和J.H.泰勒发现一对脉冲双星，为有关引力的研究提供了新的机会。

1994年，加拿大人BN.布罗克豪斯、美国人C.G.沙尔在凝聚态物质的研究中发展了中子散射技术。

1995年，美国人M.L.佩尔和F.莱因斯发现了自然界中的亚原子粒子：Y轻子、中微子。

1996年，美国人D. M . 李、D.D.奥谢罗夫和理查德·C.理查森发现在低温状态下可以无摩擦流动的氦–3。

1997年，美籍华人朱棣文、美国人W.D.菲利普斯、法国人C.科昂-塔努吉发明了用激光冷却和俘获原子的方法。

1998年，美国人劳克林、斯特默、美籍华人崔琦发现了分数量子霍尔效应。

1999年，荷兰人霍夫特和韦尔特曼阐明了物理中电镀弱交互作用的定量结构。

著名物理学家及成就

◆迈克尔·法拉第

法拉第，英国著名物理学家、化学家。在化学、电化学、电磁学等领域都做出过杰出贡献。

法拉第工作勤奋，研究领域十分广泛。1818—1823年研制合金钢期间，首创金相分析方法。1823年从事气体液化工作，标志着人类系统进行气体液化工作的开始。他采用低温加压方法，液化了氯化氢、硫化氢、二氧化硫、氢等。1824年起研制光学玻璃，这次研究促使法拉第在1845年利用自己研制出的一种重玻璃（硅酸硼铅）发现了磁致旋光效应。1825年，他在把鲸油和鳕油制成的燃气分馏中发现了苯。

法拉第

法拉第最出色的工作是电磁感应的发现和场的概念的提出。1821年，法拉第在读过奥斯特关于电流磁效应的论文后，就被这一领域深深吸引。他刚刚迈入这个领域，就取得重大成果——发现通电流的导线能绕磁铁旋转，

从而跻身于著名电学家的行列。因受苏格兰传统科学研究方法的影响，他通过奥斯特实验，认为电与磁是一对和谐的对称现象。既然电能生磁，他坚信磁亦能生电。经过10年探索，他终于实现了“磁生电”的夙愿。他的成功探索，宣告了电气时代的到来。

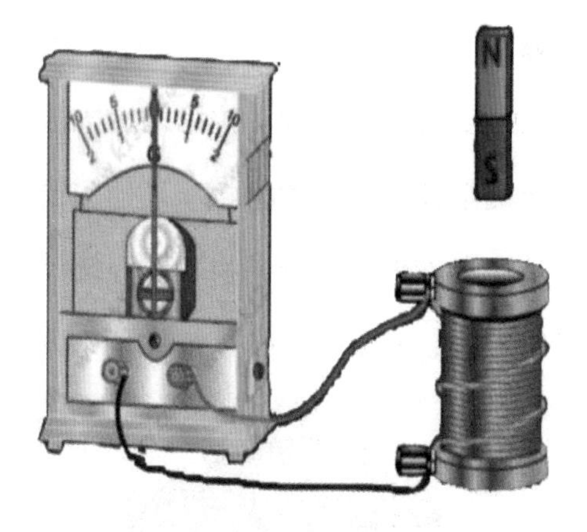

电磁感应现象

作为19世纪伟大的实验物理学家的法拉第，他并不满足于现象的发现，还力求探索现象后面隐藏着的本质。他既十分重视实验研究，又格外重视理论思维的作用。为解释电磁感应现象，他提出“电致紧张态”与“磁力线”等新概念，同时对当时盛行的超距作用说产生了强烈的怀疑。1833年，他总结了前人与自己的大量研究成果，证实当时所知摩擦电、伏打电、电磁感应电、温差电和动物电等五种不同来源的电的同一性。为力图解释电流的本质，他研究电流通过酸、碱、盐溶液，结果在1833—1834年发现了电解定律，开创了电化学这一新的学科领域。

1837年，他发现电介质对静电过程的影响，提出了以近距“邻接”作用为基础的静电感应理论。不久以后，他又发现了抗磁性。在这些研究工作的基础上，他形成了“电和磁作用通过中间介质、从一个物体传到另一个物体的思想。”于是，介质成了“场”的场所，场这个概念正是来源于法拉第。所以说，法拉第是电磁场学说的创始人。

◆麦克斯韦

麦克斯韦是继法拉第之后，集电磁学大成的伟大科学家。他主要从事电磁理论、分子物理学、统计物理学、光学、力学、弹性理论方面的研究。他依据库仑、高斯、欧姆、安培、毕奥、萨伐尔、法拉第等前人的一系列发现和实验成果，建立了第一个完整的电磁理论体系，不仅科学地预言了电磁波的存在，而且揭示了光、电、磁现象的本质的统一性，完成了物理学的又一次大综合。这一理论自然科学的成果，奠定了现代的电力工业、.电子工业和无线电工业的基础。

麦克斯韦

1855年，麦克斯韦开始研究电磁学，在潜心研究了法拉第关于电磁学方面的新理论和思想之后，他坚信法拉第的新理论包含着真理。于是他决心把法拉第的天才思想以清晰准确的数学形式表示出来。他在前人成就的基础上，对整个电磁现象作了系统、全面的研究，凭借他高深的数学造诣和丰富的想象力接连发表了电磁场理论的三篇论文：《论法拉第的力线》《论物理的力线》《电磁场的动力学理论》。麦克斯韦对前人和他自己的工作进行了综合概括，将电磁场理论用简洁、对称、完美的数学形式表示出来，经后人整理和改写，成为

经典电动力学主要基础的麦克斯韦方程组。1865年，麦克斯韦预言了电磁波的存在，电磁波只可能是横波，并计算了电磁波的传播速度等于光速，同时得出结论：光是电磁波的一种形式，揭示了光现象和电磁现象之间的联系。1873年，麦克斯韦出版了科学名著《电磁理论》，这是一部电磁理论的经典著作。在这本大部头的著作中，麦克斯韦系统地总结了人类在19世纪中叶前后对电磁现象的探索研究轨迹，其中包括库仑、安培、奥斯特、法拉第等人不可磨灭的功绩，更为细致、系统地概括了他本人创造性努力的结果和成就，从而建立起完整的电磁学理论。这部巨著有着非同小可的历史意义，可与牛顿的《数学原理》（力学）、达尔文的《物种起源》（生物学）相提并论。

◆焦　耳

焦耳，英国物理学家。焦耳一生都在从事实验研究工作，在电磁学、热学、气体分子动理论等方面均作出了卓越的贡献。

焦耳的主要贡献是他钻研并测定了热和机械功之间的当量关系。在1840—1879年焦耳用了近40年的时间，不懈地钻研和测定了热功当量。他先后用不同的方法做了

焦　耳

400多次实验并得出结论：热功当量是一个普适常量，与做功方式无关。从1840年起，焦耳开始研究电流的热效应，写成了《论伏打电所生的热》《电解时在金属导体和电池组中放出的热》等论文，指出：导体中一定时间内所生成的热量与导体的电流的二次方和电阻之积成正比。此后不久的1842年，俄国著名物理学家楞次也独立地发现了同样的规律，所以被称为焦耳–楞次定律。这一发现为揭示电能、化学能、热能的等价性打下了基础，敲开了通向能量守恒定律的大门。

1850年，焦耳将多年的实验结果写成论文，发表在英国皇家学会《哲学学报》第140卷上，其中阐明：第一，不论固体或液体，摩擦所产生的热量，总是与所耗的力的大小成比例。第二，要产生使1磅水（在真空中称量，其温度在50~60华氏度之间）增加1华氏度的热量，需要耗用772磅重物下降1英尺的机械功。他近40年的研究工作，为热运动与其他运动的相互转换，运动守恒等问题，提供了无可置疑的证据，焦耳因此成为能量守恒定律的发现者之一。1852年焦耳和开尔文发现气体自由膨胀时温度下降的现象，被称为焦耳—汤姆孙效应。这效应在低温和气体液化方面有广泛应用。焦耳对蒸汽机的发展作了不少有价值的工作，还第一次计算了有关气体分子的速度。

◆赫　兹

赫兹，德国物理学家，生于汉堡。早在少年时代就被光学和力学实验所吸引。十九岁入德累斯顿工学院学工程，由于对自然科学的爱好，次年转入柏林大学，在物理学教授亥姆霍兹指导下学习。1885年任卡尔鲁厄大学物理学教授。1889年，赫兹接替克劳修斯担任波恩大

学物理学教授，直到逝世。

赫　兹

赫兹对人类最伟大的贡献是用实验证实了电磁波的存在。赫兹在柏林大学随赫尔姆霍兹学物理时，受赫尔姆霍兹的鼓励，开始研究麦克斯韦电磁理论，当时德国物理界深信韦伯的电力与磁力可瞬时传送的理论。因此赫兹就决定以实验来证实韦伯与麦克斯韦理论到底谁的正确。1887年11月5日，赫兹在寄给亥姆霍兹一篇题为《论在绝缘体中电过程引起的感应现象》的论文中，总结了这个重要发现。接着，赫兹还通过实验确认了电磁波是横波，具有与光类似的特性，如反射、折射、衍射等，并且实验了两列电磁波的干涉。同时证实了在直线传播时，电磁波的传播速度与光速相同，从而全面验证了麦克斯韦的电磁理论的正确性，并且进一步完善了麦克斯韦方程组，使它更加优美、对称，得出了麦克斯韦方程组的现代形式。此外，赫兹又做了一系列实验。他研究了紫外光对火花放电的影响，发现了光电效应，即在光的照射下物体会释放出电子的现象。这一发现，后来成了爱因斯坦建立光量子理论的基础。1888年1月，赫兹将这些成果总结在《论动电效应的传播速度》一文中。赫兹的发现具有划时代的意义，它不仅证实了麦克斯韦发现的真理，更重要的是开创了无线电电子技术的新纪元。

赫兹对人类文明作出了很大贡献，为了纪念他的功绩，人们用他的名字来命名各种波动频率的单位，简称“赫”。

◆洛伦兹

洛伦兹，荷兰物理学家、数学家。洛伦兹的科学成就主要体现在以下三个方面：

创立电子论：洛伦兹认为一切物质分子都含有电子，阴极射线的粒子就是电子。把以太与物质的相互作用归结为以太与电子的相互作用。这一理论成功地解释了塞曼效应，因此洛伦兹与塞曼一起获1902年诺贝尔物理学奖。

提出洛伦兹变换公式：1892年他研究过地球穿过静止以太所产生的效应，为了说明迈克孙—莫雷实

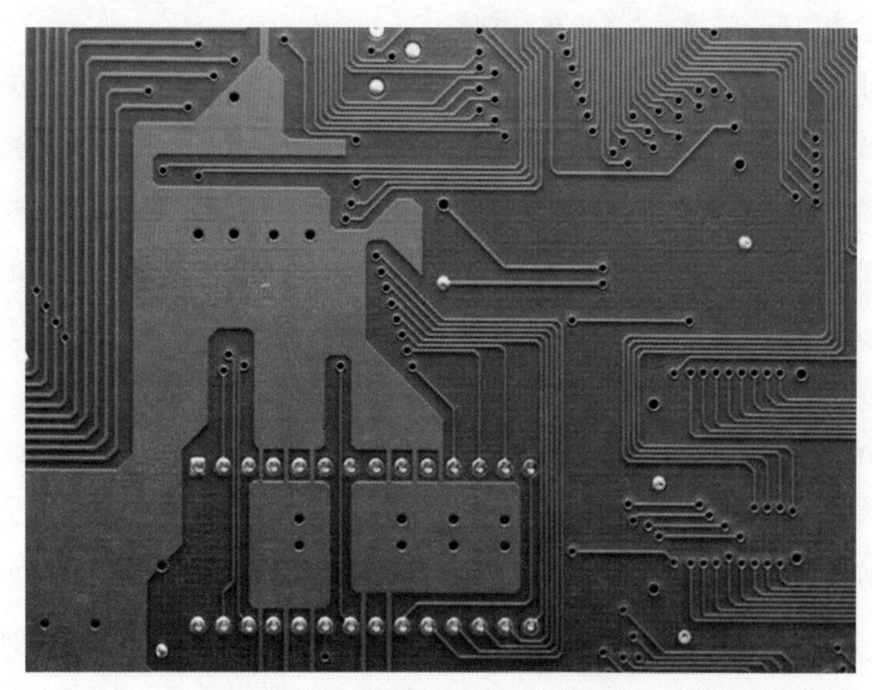

电 子

验的结果，他独立地提出了长度收缩的假说，认为相对以太运动的物体，其运动方向上的长度缩短了。1895年，他发表了长度收缩的准确公式，即在运动方向上，长度收缩因子为。1899年，他在发表的论文里，计论了惯性系之间坐标和时间的变换问题，并得出电子与速度有关的结论。1904年，洛伦兹发表了著名的变换公式和质量与速度的关系式，并指出光速是物体相对于以太运动速度的极限。

出色的物理教育家：洛伦兹在莱顿大学从事普通物理和理论物理教学多年，写过微积分和普通物理等教科书。在哈勒姆他曾致力于通俗物理讲演。他一生中花了很大一部分时间和精力审查别人的理论并给予帮助。

◆楞　次

楞次，俄国物理学家。

楞次在物理学上的主要成就是发现了电磁感应的楞次定律和电热效应的焦耳—楞次定律。楞次从青年时代就开始研究电磁感应现象。1831年法拉第发现了电磁感应现象后，当时已有许多便于记忆的“左手定则”“右手定则”“右手螺旋法则”等经验性规则，但是并没有给出确定感生电流方向的一般法则。1833年楞次在总结了安培的电动力学与法拉第的电磁感应现象

楞　次

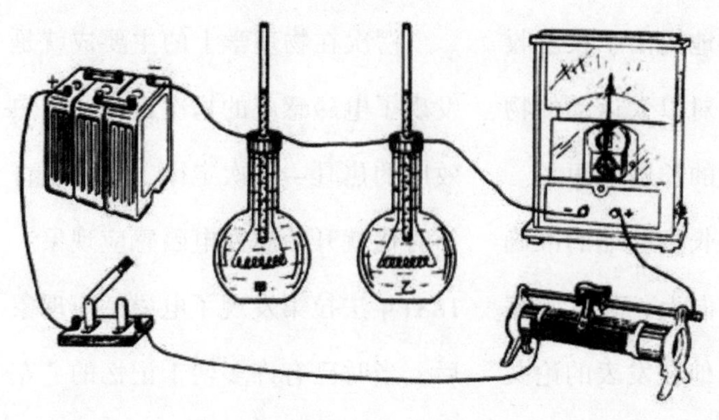

焦耳定律实验装置

后，发现了确定感生电流方向的定律——楞次定律。这一结果于1834年在《物理学和化学年鉴》上发表。楞次定律可表述为：闭合回路中感应电流的方向，总是使得它所激发的磁场来阻碍引起感应电流的磁通量的变化。楞次定律也可简练地表述为：感应电流的效果，总是阻碍引起感应电流的原因。

1842年楞次独立于焦耳并更为精确地建立了电流与其所产生的热量的关系，后被称为焦耳定律或焦耳－楞次定律。他还研究并定量地比较了不同金属的电阻率及电阻率与温度间的关系。

自然知识小百科

诺贝尔物理学奖获得者（2000—2009年）

2000年，俄罗斯人阿尔费罗夫、美国人基尔比、美国人克雷默因其

研究具有开拓性，奠定资讯技术的基础，分享年度诺贝尔物理奖。

2001年，德国人克特勒、美国人康奈尔和维曼在“碱性原子稀薄气体的玻色－爱因斯坦凝聚态”以及“凝聚态物质性质早期基础性研究”方面取得成就。

2002年，美国人雷蒙德·戴维斯和里卡尔多·贾科尼、日本人小柴昌俊在天体物理学领域做出的先驱性贡献，打开了人类观测宇宙的两个新“窗口”。

2003年，美俄双重国籍阿列克谢·阿布里科索夫、俄国人维塔利·金茨堡、英美双重国籍安东尼·莱格特在超导体和超流体理论上作出的开创性贡献。

2004年，美国人戴维·格罗斯、戴维·波利泽和弗兰克·维尔泽克对夸克的研究使科学更接近于实现它为“所有的事情构建理论”的梦想。

2005年，美国科罗拉多大学的约翰·L·霍尔、哈佛大学的罗伊·J·格劳贝尔，以及德国路德维希·马克西米利安大学的特奥多尔·亨施研究成果可改进GPS技术。

2006年，美国人约翰·马瑟和乔治·斯穆特发现了黑体形态和宇宙微波背景辐射的扰动现象。

2007年，法国人阿尔贝·费尔、德国人彼得·格林贝格尔先后独立发现了“巨磁电阻”效应。这项技术被认为是“前途广阔的纳米技术领域的首批实际应用之一”。

2008年，日本人小林诚、益川敏和南部阳一郎发现了次原子物理的对称性自发破缺机制。

2009年，英国籍华裔物理学家高锟因为“在光学通信领域中光的传输的开创性成就”而获奖；美国物理学家韦拉德·博伊尔（Willard S.Boyle）和乔治·史密斯（George E.Smith）因“发明了成像半导体电路——电荷藕合器件图像传感器CCD”获此殊荣。

第四章 化学

化学是研究物质的性质、组成、结构、变化和应用的科学。在其发展过程中，依照所研究的分子类别和研究手段、目的、任务的不同，化学可以派生出不同层次的许多分支。在20世纪20年代以前，化学可以传统地分为无机化学、有机化学、物理化学和分析化学四个分支。20年代以后，由于世界经济的高速发展，化学键的电子理论和量子力学的诞生、电子技术和计算机技术的兴起，化学研究在理论上和实验技术上都获得了飞跃发展，出现了崭新的面貌。因此，现在的化学一般分为生物化学、有机化学、高分子化学、应用化学和化学工程学、物理化学、无机化学等五大类共80项，实际包括了七大分支学科。

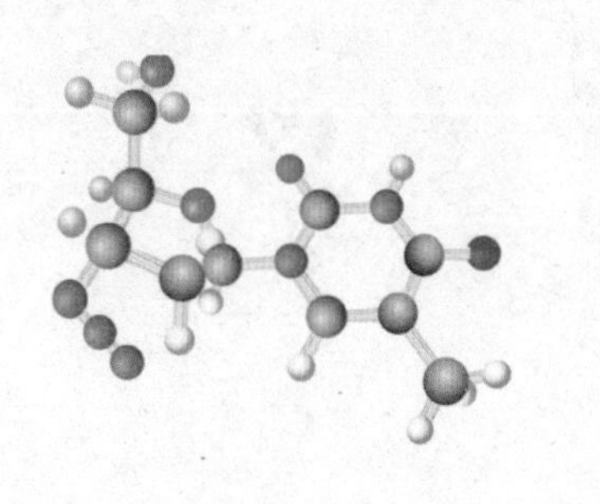

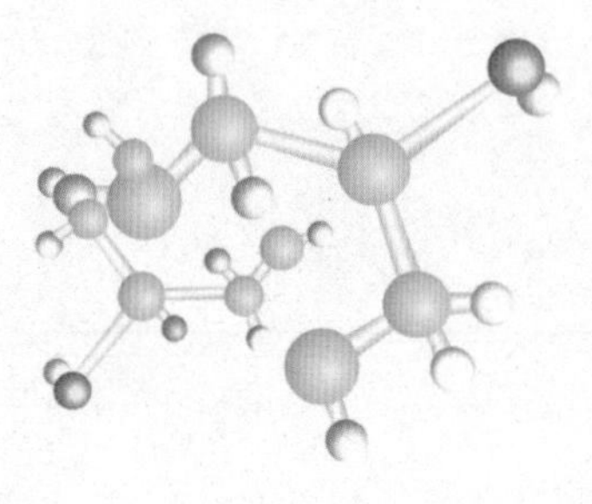

分　子

自从有了人类，化学便与人类结下了不解之缘。钻木取火、用火烧煮食物、烧制陶器、冶炼青铜器和铁器，都是化学技术的应用。正是这些应用，才极大地促进了当时社会生产力的发展，成为人类进步的标志。今天，化学作为一门基础学科，在科学技术和社会生活的方方面面正起着越来越大的作用。

在这一章里，我们就来一起谈一下化学的相关内容。

化学概述

化学是一门历史悠久而又富有活力的学科，它的成就是社会文明的重要标志。当今，化学日益渗透到生活的各个方面，特别是与人类社会发展密切相关的重大问题。从开始用火的原始社会，到使用各种人造物质的现代社会，人类都在享用化学成果。它可以保证人类的生存并不断提高人类的生活质量。比如利用化学生产化肥和农药，以增加粮食产量；利用化学合成药物，以抑制细菌和病毒，保障人体健

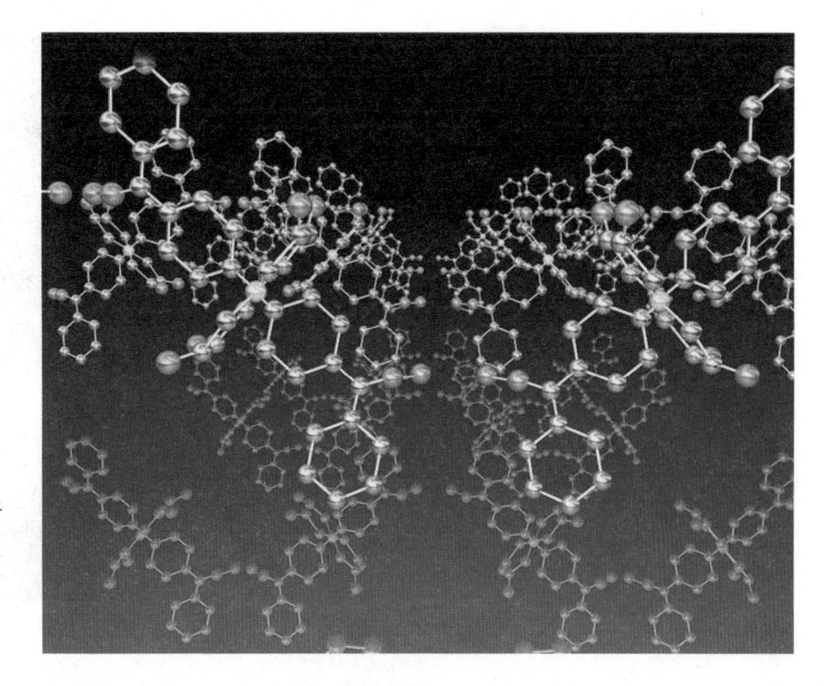

化学分子

康；利用化学开发新能源、新材料，以改善人类的生存条件；利用化学综合应用自然资源和保护环境，以使人类生活得更加美好。

化学还是一门很实用的学科，它与数学物理等学科共同成为自然科学迅猛发展的基础。化学的核心知识已经应用于自然科学的各个区域，化学是改造自然，创造自然的强大力量的重要支柱。目前，化学家们运用化学的观点来观察和思考社会问题，用化学的知识来分析和解决社会问题，例如能源问题、粮食问题、环境问题、健康问题、资源与可持续发展等问题。

化学是重要的基础科学之一，在与物理学、生物学、天文学等学科的相互渗透中，得到了迅速的发展，也推动了其他学科和技术的发展。例如，核酸化学的研究成果使今天的生物学从细胞水平提高到了分子水平，建立了分子生物学；对

月 球

地球、月球和其他星体的化学成分的分析，得出了元素分布的规律，发现了星际空间有简单化和物的存在，为天体演化和现代宇宙学提供了实验数据，还丰富了自然辩证法的内容。

诺贝尔化学奖获得者（1970—1979年）

1970年，阿根廷人L.F. 莱洛伊尔发现糖核苷酸及其在糖合成过程中的作用。

1971年，加拿大人G. 赫兹伯格从事自由基的电子结构和几何学结构的研究。

1972年，美国人C.B. 安芬森确定了核糖核苷酸酶的活性区位研究。

1973年，德国人E.O. 菲舍尔、英国人G. 威尔金森从事具有多层结构的有机金属化合物的研究。

1974年，美国人P.J. 弗洛里从事高分子化学的理论、实验两方面的基础研究。

1975年，澳大利亚人J.W. 康福思研究酶催化反应的立体化学；瑞士人V.普雷洛格从事有机分子以及有机分子的立体化学研究。

1976年，美国人W.N. 利普斯科姆从事甲硼烷的结构研究。

1977年，比利时人I. 普里戈金主要研究非平衡热力学，提出了“耗散结构”理论。

1978年，英国人P.D. 米切尔从事生物膜上的能量转换研究。

1979年，美国人H.C. 布朗、德国人G. 维蒂希研制了新的有机合成法。

化学发展简史

伴随着人类社会的进步，化学历史的发展经历了以下几个时期：

远古的工艺化学时期：古时候，原始人类在与自然界的种种灾难进行抗争中，发现和利用了火。火的发现和利用，改善了人类生存的条件，并使人类变得聪明而强大。从用火之时开始，原始

制　陶

人类由野蛮进入了文明，同时也就开始了用化学方法认识和改造天然物质。这样，人类在逐步了解和利用这些物质的变化的过程中，创造了对人类具有使用价值的产品。人类逐步学会了制陶、冶炼，以后又懂得了酿造、染色等。这些有天然物质加工改造而成的制品，主要是在实践经验的直接启发下经过多少万年摸索而来的，真正的化学知识还没有形成。这是化学的萌芽时期。

炼丹术和医药化学时期：从公元前1500年到公元1650年，炼丹术士和炼金术士们，就开始为求得长生不老的仙丹和荣华富贵的黄金，开始了最早的化学实验。这一时期积累了许多物质间的化学变化，为化学的进一步发展准备了丰富的素材。后来，化学方法转而在医药和冶金方面得到了正当发挥。在欧洲文艺复兴时期，出版了一些有关化学的书籍，第一次有了“化学”这个名词。英语的chemistry起源于alchemy，即炼金术。chemist至今还保留着两个相关的含义：化学家和药剂师。这些都可以说明化学脱胎于炼金术和制药业。

燃素化学时期：从1650年到1775年，随着冶金工业和实验室经验的积累，人们总结感性知识，认为可燃物能够燃烧是因为它含有燃素，燃烧的过程是可燃物中燃素释放出的过程，可燃物释放出燃素后成为灰烬。

定量化学时期：即近代化学时期。1775年前后，拉瓦锡用定量化学实验阐述了燃烧的氧化学说，开创了定量化学时期。这一时期建立了不少化学基本定律，提出了原子学说，发现了元素周期律，发展了有机结构理论。所有这一切都为现代化学的发展奠定了坚实的基础。

科学相互渗透时期：既现代化

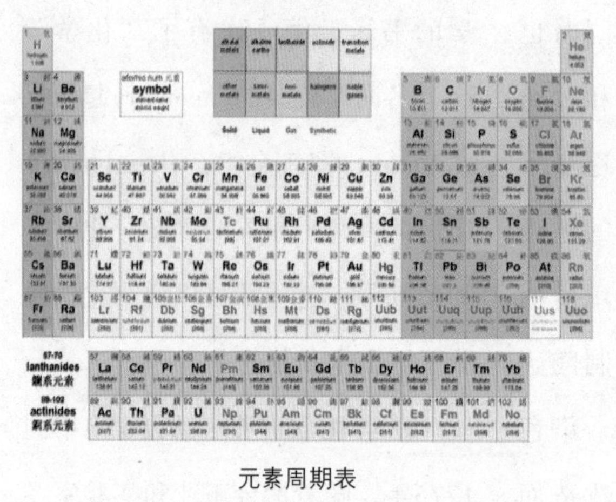
元素周期表

学时期。20世纪初，量子论的发展使化学和物理学有了共同的语言，解决了化学上许多悬而未决的问题；另一方面，化学又向生物学和地质学等学科渗透，使蛋白质、酶的结构问题得到逐步的解决。

自然知识小百科

诺贝尔化学奖获得者（1980—1989年）

1980年，美国人P.伯格从事核酸的生物化学研究；美国人W.吉尔伯特、英国人F.桑格确定了核酸的碱基排列顺序。

1981年，日本人福井谦一、英国人R.霍夫曼应用量子力学发展了分子轨道对称守恒原理和前线轨道理论。

1982年，英国人A.克卢格开发了结晶学的电子衍射法，并从事核酸蛋白质复合体的立体结构的研究。

1983年，美国人H.陶布阐明了金属配位化合物电子反应机理。

1984年，美国人R.B. 梅里菲尔德开发了极简便的肽合成法。

1985年，美国人J.卡尔、H.A.豪普特曼开发了应用X射线衍射确定物质晶体结构的直接计算法。

1986年，中国台湾人D.R. 赫希巴奇、李远哲；加拿大人J.C.波利亚尼研究化学反应体系在位能面运动过程的动力学。

1987年，法国人J.M. 莱恩合成冠醚化合物。

1988年，德国人J. 戴森霍弗、R. 胡伯尔、H. 米歇尔分析了光合作用反应中心的三维结构。

1989年，美国人S. 奥尔特曼，T.R. 切赫发现RNA自身具有酶的催化功能。

化学分支

化学在发展过程中，依照所研究的分子类别和研究手段、目的、任务的不同，派生出不同层次的许多分支。在20世纪20年代以前，化学传统地分为无机化学、有机化学、物理化学和分析化学四个分支。20年代以后，由于世界经济的高速发展、化学键的电子理论和量子力学的诞生、电子技术和计算机技术的兴起，化学研究在理论上和实验技术上都获得了新的手段，因此这门学科从30年代以来飞跃发展，出现了崭新的面貌。现在把化学内容一般分为生物化学、有机化学、高分子化学、应用化学和化学工程学、物理化学、无机化学等五

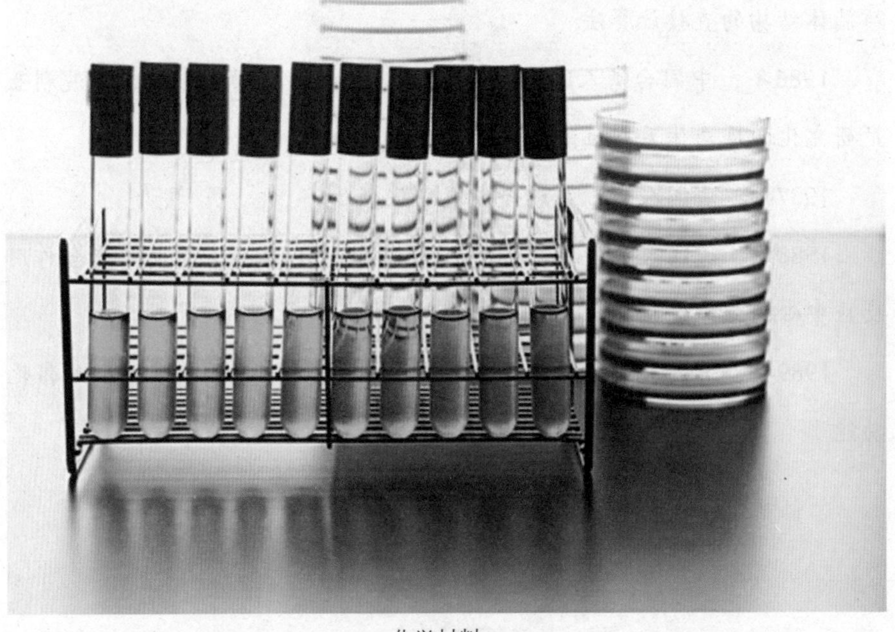

化学材料

大类共80项，实际包括了七大分支学科。

根据当今化学学科的发展以及它与天文学、物理学、数学、生物学、医学、地学等学科相互渗透的情况，化学可作如下分类：

◆无机化学

无机化学是研究无机物质的组成、性质、结构和反应的科学，它是化学中最古老的分支学科。无机物质包括所有化学元素和它们的化合物，不过大部分的碳化合物除外。(除二氧化碳、一氧化碳、碳酸、二硫化碳、碳酸盐等简单的碳化合物仍属无机物质外，其余均属于有机物质。)

无机化学是除碳氢化合物及其衍生物外，对所有元素及其化合物的性质和他们的反应进行实验研究

化学容器

和理论解释的科学，是化学学科中发展最早的一个分支学科。在最近几十年中，无机化学发展很快，派生出稀有元素化学、络合物化学、同位素化学、金属间化合物化学等新的分支学科。无机化学的发展对解决矿产资源的综合利用、近代技术中所迫切需要的原材料等有重要的作用。无机化学主要包括元素化学、无机合成化学、无机高分子化学、无机固体化学、配位化学(即络合物化学）、同位素化学、生物无机化学、金属有机化学、金属酶化学等。

◆有机化学

有机化学是化学的基础学科。它的研究范围是碳氢化合物及其衍生物的来源、制备、结构、性质、用途及其有关理论。有机化合物都含有碳，并以碳氢化合物为母体，所以有机化学又可称为“碳化合物的化学”或“碳氢化合物及其衍生物的化学”。在人类已发现的化合物中，有四百多万种是有机化合物，比无机化合物多出三十多倍。随着有机化学的发展，有机化学已派生出普通有机化学、有机合成化学、金属和非金属有机化学、物理有机化学、生物有机化学、有机分析化学等分支。

有机化合物和无机化合物之间没有绝对的分界。有机化学之所以成为化学中的一个独立学科，是因为有机化合物确有其内在的联系和特性。位于周期表当中的碳元素，一般是通过与别的元素的原子共用外层电子而达到稳定的电子构型的（即形成共价键）。这种共价键的结合方式决定了有机化合物的特性。大多数有机化合物由碳、氢、氮、氧几种元素构成，少数还含有卤素和硫、磷、氮等元素。因而大多数有机化合物具有熔点较低、可以燃烧、易溶于有机溶剂等性质，这与无机化合物的性质有很大不同。

在含多个碳原子的有机化合物分子中，碳原子互相结合形成分子

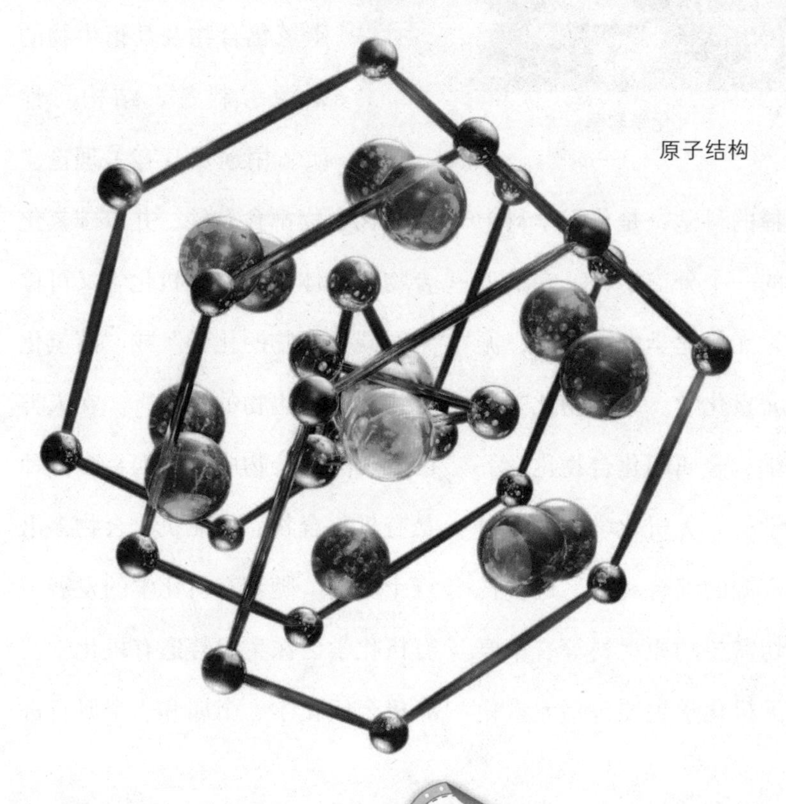
原子结构

的骨架，别的元素的原子就连接在该骨架上。在元素周期表中，没有一种别的元素能像碳那样以多种方式彼此牢固地结合。由碳原子形成的分子骨架有多种形式，有直链、支链、环状等。

在有机化学发展的初期，有机化学工业的主要原料是动、植物体，有机化学主要研究从动、植物体中分离有机化合物。19世纪中期到20世纪初，有机化学工业逐渐变为以煤焦油为主要原料。合成染料的发现，使染料、制药工业蓬勃发展，推动了对芳香族化合物和杂环化合物的研究。20世纪30年代以后，以乙炔为原料的有机化合物合成兴起。40年代前后，有机化学工业的原料又逐渐转变为以石油和天然气为主，发展了合成橡胶、合成塑料和合成纤维工业。由于石油资

煤

源将日趋枯竭，以煤为原料的有机化学工业必将重新发展。当然，天然的动、植物和微生物体仍是重要的研究对象。

◆物理化学

物理化学又称理论化学，它是应用物理学原理和方法研究有关化学现象和化学过程的一门学科。物理化学包括：结构化学、热化学、化学热力学、化学动力学、电化学、溶液理论、流体界面化学、量子化学、催化作用及其理论等。主要从理论上探讨物质结构与其性质间的关系；化学反应的方向和限度以及化学反应的热效应；化学反应的速度和机理等。物理化学是整个化学学科和化学工艺学的理论基础。

（1）热化学

物理化学的一个分支，研究物理和化学过程中的热效应规律的一门学科，即对于随着化学反应和状态的变化而发生的热的变化的测量、解释和分析，它是以热力学第一定律为基础，在量热计中直接测量变化过程的热效应，是热化学的重要实验方法。热化学的数据（如燃烧热、生成热等)在热力学计算、工程设计和科学研究等方面都有广泛应用。

（2）电化学

物理化学的一个分支，主要研究化学能与电能间相互转变的规

电池

律，如电极电位、电解、电镀、原电池、电化学腐蚀、化学电源等，都属于电化学的范围，是一门密切联系生产的学科。电化学在国民经济中有着极重要的应用。

（3）量子化学

量子化学是应用量子力学的规律和方法来处理和研究化学问题的一门学科。量子化学的主要研究对象是分子和原子。量子化学从分子中电子和原子核的运动角度，研究并揭示原子与分子、分子与分子之间的相互转变。主要内容包括：化学键理论、分子间作用力、分子结构与性能关系的理论问题。

（4）化学物理学

化学物理学是化学和物理学间的一门边缘科学。研究对象以宏观为主的属于物理化学，以微观为主的则属于化学物理学。化学物理学包括量子化学、分子光谱、各种衍射方法、结晶化学、物质结构的统计理论等。

（5）化学热力学

化学热力学是物理化学的一个分支，主要研究热力学原理在化学方面的应用，主要任务是解决化学和物理变化进行的方向和限度，特别是对化学反应的可能性和平衡条件作出预示，化学热力学能独立地解决如何判定化学过程的自发性问题。化学热力学一般包括普通热力学、溶液、相平衡、化学平衡等内容。

（6）化学动力学

化学动力学也称反应动力学，是物理化学的一个分支。主要研究化学反应速度和控制反应速度的因素，并根据反应速度与控制反应速度的因素之间关系推测化学反应的机理。

（7）胶体化学

胶体化学是物理化学的一个分支，研究胶体溶液的一门学科。胶

丝绸纤维

体化学的内容有三部分：胶体溶液及粗分散系的物理化学；高分子溶液的物理化学；表面化学。表面化学在石油工业、选矿、食品工业、橡胶、纤维、塑料工业以及农业、医学等方面均有广泛的应用。

（8）结构化学

结构化学是物理化学的一个分支，是研究原子、分子和晶体结构及其与性质间的关系的一门学科。内容包括原子结构、化学键、分子间作用力、分子和晶体的立体构型、结构与性质的关系、物质结构的实验方法等。

◆分析化学

分析化学是研究获取物质化学组成和结构信息的分析方法及相关理论的科学，是化学学科的一个重要分支。分析化学以化学基本理论和实验技术为基础，并吸收物理、生物、统计、电子计算机、自动化等方面的知识以充实本身的内容，从而解决科学、技术所提出的各种分析问题。分析化学是研究物质组成的科学，它包括化学分析、仪器分析两部分。其中，化学分析包括滴定分析和称量分析，它是根据物质的化学性质来测定物质的组成及相对含量。仪器分析的方法很多，它是根据物质的物理性质或物质的物理化学性质来测定物质的组成及相对含量。仪器分析根据测定的方法原理不同，可分为电化学分析、光学分析、色谱分析、其他分析法等4大类。化学分析是基础，仪器分析是目前的发展方向。分析化学所用的分析方法各有优缺点，相辅相成。分析化学者必须明确每一种方法的原理及其应用范围和优

化学仪器

缺点，这样在解决分析问题时才能得心应手，选择最适宜的方法。一般来说，化学法准确、精密、费用少而且容易掌握。仪器法迅速，能处理大批样品，但大型仪器价格昂贵，几年后又须更新仪器。

近年来，分析化学中的新技术有激光在分析化学中的应用、流动注射法、场流分级等。场流分级所用的场可以是重力、磁、电、热等，样品流经适当的场时能进行分级，故称为场流分级。目前，该法已成功地用于有机大分子(如血球、高聚物等)之分级。可以预期它在无机物分离方面也将得到应用。

◆高分子化学

高分子化学是研究高分子化合物的合成、化学反应、物理化学、物理、加工成型、应用等方面的一门新兴的综合性学科。高分子科学可以分为高分子化学、高分子物理和高分子工艺学三部分。高分子化学又分为高分子合成、高分子化学反应和高分子物理化学。高分子物理研究高聚物的聚集态结构和本体性能。高分子工艺学又分为高聚物加工成型和高聚物应用。

合成高分子的历史不过八十年，所以高分子化学真正成为一门科学还不足六十年，但它的发展非常迅速。目前它的内容已超出化学范围，因此，现在常用高分子科学这一名词来更合逻辑地称呼这门学科。狭义的高分子化学，则是指高分子合成和高分子化学反应。人类实际上从一开始即与高分子有密切关系，自然界的动植物包括人体本身，就是以高分子为主要成分而构成的，这些高分子早已被用作原料来制造生产工具和生活资料。人类的主要食物如淀粉、蛋白质等，也都是高分子。只是到了工业上大量

合成高分子并得到重要应用以后，这些人工合成的化合物，才取了高分子化合物这个名称。

◆核化学

核化学是研究原子核（稳定性的和放射性的）的反应、性质、结构、分离、制备、鉴定等的一门学科。核化学属于物理学和化学的边缘学科，全称为“原子核化学”。放射性原子核方面的研究也包括在“放射化学”的范围之内。核化学包括放射性元素化学、放射分析化学、辐射化学、同位素化学、核化学。辐射化学是研究物质在高能电离射线作用下形成激发原子、分子、游离基或离子的过程及其化学行为

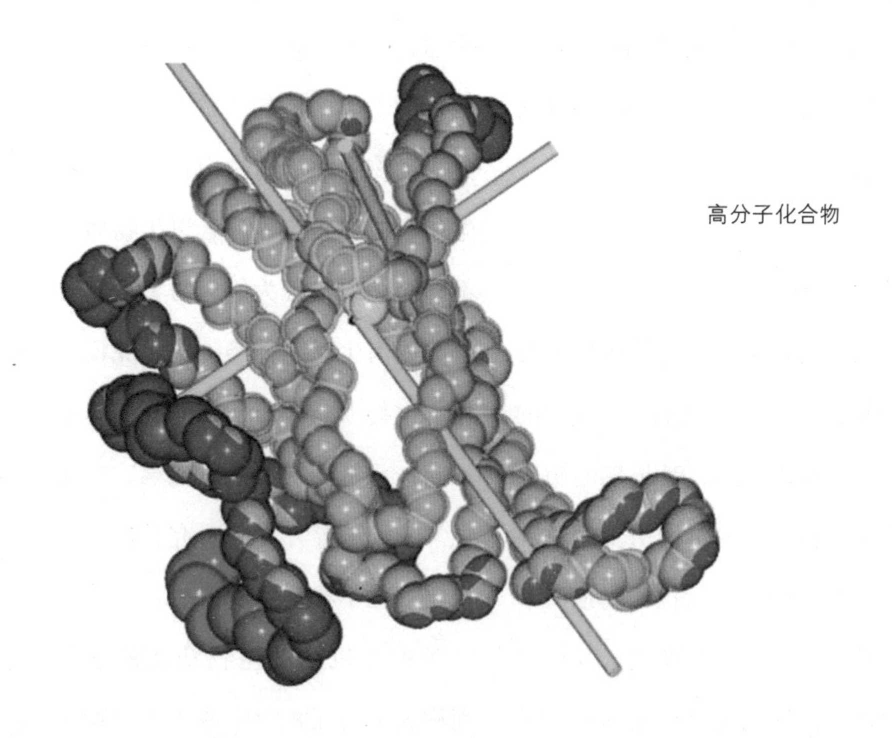

高分子化合物

的一门学科。高能电离射线主要指α、β、γ射线以及中子射线等。辐射化学对原子能事业的发展有着极其重要的作用。同位素化学是指以同位素为研究对象的学科，主要内容是同位素的分布、性质、分析、分离和应用。同位素的应用越来越重要。例如，放射性同位素和稳定同位素都可作为标记原子，并可广泛地用来研究化学、物理学、生物学、地质学、医学和工农业中的各种问题。

◆生物化学

生物化学这一名词的出现大约在19世纪末、20世纪初，但它的起源可追溯得更远，其早期的历史是生理学和化学的早期历史的一部分。18世纪80年代，拉瓦锡证明呼吸与燃烧一样是氧化作用，几乎同时科学家又发现光合作用本质上是动物呼吸的逆过程。1828年，F.沃勒首次在实验室中合成了一种有机物——尿素，打破了有机物只能靠生物产生的观点，给“生机论”以重大打击。1860年，巴斯德证明发酵是由微生物引起的，但他认为必需有活的酵母才能引起发酵。1897年，毕希纳兄弟发现酵母的无细胞抽提液可进行发酵，证明没有活细胞也可进行如发酵这样复杂的生命活动，终于推翻了“生机论”。生物化学若以不同的生物为对象，可分为动物生化、植物生化、微生物生化、昆虫生化等。若以生物体的不同组织或过程为研究对象，则可分为肌肉生化、神经生化、免疫生化、生物力能学等。因研究的物质不同，又可分为蛋白质化学、核酸化学、酶学等分支。研究各种天然物质的化学称为生物有机化学，研究各种无机物的生物功能的学科则称为生物无机化学或无机生物化

学。20世纪60年代以来，生物化学与其他学科融合产生了一些边缘学科。如生化药理学、古生物化学、化学生态学等。按应用领域不同，分为医学生化、农业生化、工业生化、营养生化等。

◆表面化学

凡是在相界面上所发生的一切物理化学现象统称为界面现象或表面现象。研究各种表面现象实质的科学称为表面化学。表面化学在20世纪40年代前，得到了迅猛发展，大量的研究成果被广泛应用于各生产部门，如涂料、建材、冶金、能源等行业。但就学科来说，它只是作为物理化学的一个分支—胶体化学。到了20世纪60年代末70年代初，人们从微观水平上对表面现象进行研究，使得表面化学得到飞速发展，表面化学作为一门基础学科的地位被真正确立。

其他与化学有关的边缘学科还有：地球化学、海洋化学、大气化学、环境化学、宇宙化学、星际化学等。

自然知识小百科

诺贝尔化学奖获得者（1990—1999年）

1990年，美国人E.J. 科里创建了一种独特的有机合成理论——逆合成分析理论。

1991年，瑞士人R.R.恩斯特发明了傅里叶变换核磁共振分光法和二维核磁共振技术。

1992年，美国人R.A.马库斯对溶液中的电子转移反应理论作了贡献。

1993年，美国人K.B.穆利斯发明“聚合酶链式反应”法；M. 史密斯（加拿大人）开创“寡聚核苷酸基定点诱变”法。

1994年，美国人G.A. 欧拉在碳氢化合物即烃类研究领域作出了杰出贡献。

1995年，德国人P.克鲁岑、M.莫利纳、美国人F.S.罗兰阐述了对臭氧层产生影响的化学机理，证明了人造化学物质对臭氧层构成破坏作用。

1996年，美国人R.F.柯尔、英国人H.W.克罗托因、美国人R.E.斯莫利发现了碳元素的新形式——富勒氏球。

1997年，美国人P.B.博耶、英国人J.E.沃克尔、丹麦人J.C.斯科发现人体细胞内负责储藏转移能量的离子传输酶。

1998年，奥地利人W.科恩、英国人J.波普提出密度泛函理论。

1999年，美籍埃及人艾哈迈德-泽维尔将毫微微秒光谱学应用于化学反应的转变状态研究 。

著名化学家及成就

◆国外著名化学家

（1）波义耳

波义耳，英国化学家和自然哲学家，曾任英国皇家学会会长。波义耳在科学研究上的兴趣是多方面的。他曾研究过气体物理学、气象学、热学、光学、电磁学、无机化学、分析化学、化学、工艺、物质结构理论以及哲学、神学。其中成就突出的主要是化学。

波义耳以实验论证了空气的物理特性，论证了空气对燃烧、呼吸和声音的传播是必不可少的。1661年，他发表了著名的“波义耳定律”，即在恒温下，气体的体积与压力成反比。波义耳定律是第一个描述气体运动的数量公

波义耳

式，为气体的量化研究和化学分析奠定了基础。该定律是学习化学的基础，学生在学习化学之初都要学习它。他还曾提出了区分酸、碱物质的方法，是应用化学指示剂的开端。在他所著的《怀疑派化学家》一书中，波义耳强调了实验方法和对自然界的观察是科学思维的基础，提出了化学发展的科学途径。波义耳深刻地领会了培根重视科学实验的思想，他反复强调化学应该像物理学那样，立足于严密的实验基础之上。波义耳把这些新观点新思想带进化学，解决了当时化学在理论上所面临的一系列问题，为化学的健康发展扫平了道路。如果把伽利略的《对话》作为经典物理学的开始，那么波义耳的《怀疑派化学家》可以作为近代化学的开始。

（2）普利斯特里

普利斯特里，英国化学家及神学家。1733年3月13日生于利兹城的一位裁缝店主的家中，幼年丧母，由其姑母抚养长大。他在一所私立学校里学习了拉丁语、法语、德语、意大利语等多种语言。阅读了宗教、数学、化学等书籍。在青年时代就开始担任牧师，但对化学十分爱好。

普利斯特里在化学、电学、哲学和神学等方面都有不少著作，他从37岁起研究气体化学，直到终生。他曾分离并论述过的大批气体，数目之多超过了他同时代的任何人。他可以说是18世纪下半叶的一位业余化学大师。1772年，普利斯特里出版了他的小册子《用排水集气法收集“空气”》，该书深受欢迎，非常畅销，当年就被译成法文。普利斯特里因此名扬世界。1773年，他荣获英国皇家学会的铜质奖章。他对气林化学的研究成果，一是以其强烈的求知欲与非凡的勤奋态度为基础，二是他得益于

自己精湛的实验技能。为此，皇家学会曾授予他卡普里奖。他出版过巨著《关于种种空气的实验与观察》（三卷）。以后，他的研究成果又汇集于《与自然科学各个部门有关的实验与观察》（三卷）。

（3）拉瓦锡

拉瓦锡，法国著名化学家。近代化学的奠基人之一。1743年8月26日生于巴黎，1794年5月8日卒于同地。1763年获法学学士学位，后转向研究自然科学。

拉瓦锡的对化学的第一个贡献便是从试验的角度验证并总结了质量守恒定律。早在拉瓦锡出生之时，俄罗斯科学家罗蒙诺索夫就提出了质量守恒定律，他当时称之为“物质不灭定律”，其中含有更多的哲学意蕴。但由于“物质不灭定律”缺乏丰富的实验根据，特别是当时俄罗斯的科学还很落后，西欧对沙俄的科学成果不重视，“物质不灭定律”没有得到广泛的传播。

拉瓦锡

燃烧原理，是拉瓦锡对化学研究的第二大贡献。之所以能够有此发现，是因为他第一次准确地识别出了氧气的作用。事实上，科学家确认燃烧是氧化的化学反应，即燃烧是物质同某种气体的一种结合。拉瓦锡为这种气体确立了名称，即氧气。拉瓦锡还识别出了氮气。事实上，这种气体早在1772年就被发现了，但却被命名了一个错误的名称——“废气”。拉瓦锡则发现这种“气体”实际上是由一种被称为氮的气体构成的，因为它“无活力”。后来，他又识别出了氢气，这个名称的意思是“成水的元素”。拉瓦锡还研究过生命的过程。他认为，从化学的观点看，物质燃烧和动物的呼吸同属于空气中氧所参与的氧化作用。

拉瓦锡对化学的第三大贡献是否定了古希腊哲学家的四元素说和三要素说。在1789年出版的历时四年写就的《化学概要》里，拉瓦锡列出了第一张元素一览表，元素被分为四大类：简单物质，光、热、氧、氮、氢等物质元素；简单的非金属物质，硫、磷、碳、盐酸素、氟酸素、硼酸素等，其氧化物为酸；简单的金属物质，锑、银、铋、钴、铜、锡、铁、锰、汞、钼、镍、金、铂、铅、钨、锌等，被氧化后生成可以中和酸的盐基；简单物质，石灰、镁土、钡土、铝土、硅土等。

（4）玛丽·居里

玛丽·居里，法国物理学家和化学家，原籍波兰，1911年诺贝尔化学奖获得者。玛丽·斯可罗多夫斯卡1867年生于波兰华沙的一个正直、爱国的教师家庭，自小就勤奋好学。因为当时沙皇统治下的华沙不允许女子入大学，加上家庭经济困难，玛丽只好只身来到华沙西北的乡村作家庭教师。1891年到巴黎大学学习获得物理学学士学位，后又获得数学学士学位。

1895年，玛丽·居里和皮埃尔·居里结婚，共同研究放射现象，决定寻找与铀有同样性质的其他物质。1898年他俩发现钋和镭两种元素，1903年，居里夫妇共同获得了诺贝尔物理学奖。1906年，她接任皮埃尔在巴黎大学的物理学教授位置，成为该校第一位女教授。1910年她发表关于放射性的重要论文，并制取金属态的纯镭。1911年又获诺贝尔化学奖。玛丽·居里是第一个荣获诺贝尔科学奖的女性科学家，也是第一个两次荣获诺贝尔科学奖的科学家。

居里夫人

自从1898年居里夫妇发现放射性元素镭之后，称颂她的文章、书籍从未间断，著名科学家爱因斯坦给予了她很高的评价，玛丽·居里成为科学家和广大青少年学习的楷模。长期的劳累，特别是放射性物质对她身体的损害，使她身体日渐虚弱。1934年7月4日，长期积蓄体内的放射性物质所造成的恶性贫血（即白血病）终于夺去了居里夫人宝贵的生命。她的主要著作有《放射性物质的研究》《放射性专论》《镭的标定和放射性测量》《玛丽·斯克洛道夫斯卡·居里文集》。

（5）德米特里·门捷列夫

门捷列夫是19世纪的俄国化学家，他发现了元素周期律，并就此发表了世界上第一份元素周期表。他的名著、伴随着元素周期律而诞生的《化学原理》，在19世纪后期和20世纪初，被国际化学界公认为标准著作，前后共出了八版，影响了一代又一代的化学家。

门捷列夫对化学这一学科发展的最大贡献在于他发现了化学元素周期律。他在批判地继承前人工作的基础上，对大量实验事实进行了订正、分析和概括，总结出这样一条规律：元素（以及由它所形成的单质和化合物）的性质随着原子量（现根据国家标准称为相对原子质量）的递增而呈周期性的变化，既元素周期律。他根据元素周期律编制了第一个元素周期表，把已经发现的63种元素全部列入表里，从而初步完成了使元素系统化的任务。他还在表中留下空位，预言了类似硼、铝、硅的未知元素（门捷列夫叫它类硼、类铝和类硅，即以后发现的钪、镓、锗）的性质，并指出当时测定的某些元素原子量的数值有错误。而他在周期表中也没有机械地完全按照原子量数值的顺序排列。若干年后，他的预言都得到了证实。门捷列夫工作

门捷列夫

的成功，引起了科学界的震动。人们为了纪念他的功绩，就把元素周期律和周期表称为门捷列夫元素周期律和门捷列夫元素周期表。

（6）阿伦尼乌斯

阿伦尼乌斯，瑞典化学家，1903年诺贝尔化学奖获得者。1859年2月19日生于乌普萨拉，1927年10月2日卒于斯德哥尔摩。17岁时他入乌普萨拉大学，主修化学。1878年毕业后留校，后去斯德哥尔摩瑞典皇家科学院学习测量溶液电导。1885年他在奥斯特瓦尔德实验室工作约一年，1886—1887年在维尔茨堡继续研究溶液电导实验。1901年阿伦尼乌斯当选为瑞典皇家科学院院士，1905年任斯德哥尔摩诺贝尔物理化学研究所所长。

极 光

1905—1927年，阿伦尼乌斯任瑞典诺贝尔物理化学院院长。

阿伦尼乌斯的最大贡献是1887年提出电离学说，他认为电解质是溶于水中能形成导电溶液的物质。这些物质在水溶液中时，一部分分子离解成离子，溶液越稀，离解度就越大。1889年他又提出活化分子和活化热概念，导出了化学反应速率公式（即阿伦尼乌斯方程）。他还研究过太阳系的成因、彗星的本性、北极光、天体的温度、冰川的成因等，并最先对血清疗法的机理作出化学上的解释。著有《宇宙物理学教程》《免疫化学》《溶液理论》《生物化学中的定量定律》《变化中的世界：宇宙的演变》《电解质电流传导性研究》《水溶物质中的离解作用》《化学与现代生活》等。

（7）拉姆塞

拉姆塞，英国化学家，1904年诺贝尔化学奖获得者。1852年10月2日生于苏格兰。因发现氦、氖、氩、氙、氡等气态惰性元素，并确定了它们在元素周期表中的位置，而获得诺贝尔化学奖。1868年8月18日，英国天文学家罗克耶尔和法国天文学家詹森用光镜分析太阳日冕时，根据光谱线确定了一种人们从未发现的物质——氦（在希腊文里就是太阳的意思），拉姆塞在地球上发现了氦。1870年，拉姆塞大学毕业后，去德国海德里拜本生为师。1880年，他被布里斯托尔学院聘为化学教授，两年后担任该院院长。

拉姆塞征得瑞利的允许，也开始研究大气中氮的成分。他研究的方法是让空气在红热的镁上通过。1894年5月24日，拉姆塞给瑞利写了封信，说明了自己的研究发现和推断。同年两个人一起宣布发现了

氩 气

一种惰性气体，这种新气体定名为“氩”。元素氩发现以后，拉姆塞继续深入研究。他把沥青铀矿经无机酸处理之后，制得一种新气体“氦”，又相继发现了氪、氖和氙。拉姆塞的理论思维能力和动手能力都很强，他把发现的氦、氖、氩、氪、氙等气体，作为一族，完整地插入了化学元素周期表中，使化学元素周期表更加完善。

拉姆塞谈吐十分恢谐，幽默，妙趣横生，被誉为“科学界中最优秀的语言学家”。拉姆塞认为做学问应当“多看、多学、多试验，如果取得成果，绝不炫耀。学习和研究中要顽强努力，一个人如果怕费时，怕费事，则将一事无成”。主要著作有《大气中的气体及其发现史》《现代化学：理论》《现代化学：系统》《大气中的稀有气体》《物理化学研究导论》《传记及化学论文集》《元素与电子》。

（8）莫瓦桑

莫瓦桑，法国无机化学家，1906年诺贝尔化学奖获得者。因首次通过电解法制得单质氟和硼而获得诺贝尔化学奖。莫瓦桑长期从事无机化学的研究，深入研究氟化物和金属氢化物的性质，开创了人工制造金刚石的方法。他还设计了电炉，将实验室化学反应的温度成功地提高到2000摄氏度。莫瓦桑生于铁路职工家庭，家境贫寒，12岁时才入读小学。20岁时进入一家药店做学徒工，在药店的工作使他获得了很多化学知识。

1872年，法国自然博物馆馆长弗雷米招聘助理实验员，莫瓦桑前往应聘，进入实验室工作。1874年，莫瓦桑通过了法国中学会考，获得中学毕业学历。1877年，他获得理学学士学位，后在巴黎药学院从事研究工作，其研究课题是自然铁，否定了德国化学家提出的自然铁是氧化亚铁的理论。1879年，莫瓦桑被任命为巴黎药学院实验室主任。制出单质氟是化学史上最困难的工作之一。1810年，法国化学家安培第一次提出氟这种元素的存在。莫瓦桑首先尝试用氟化磷与氧气反应制出氟气单质，因长期接触氟化砷而中毒。后来他选择液化的氟化氢作为电解液，在萤石质地的反应容器中用铂铱合金的电极进行电解，终于获得成功。

除运用电解法制备出氟气，莫瓦桑还研究了纯化氟气的方法，用液态空气冷凝法去除氟气中的氟化氢。他还深入研究了高纯度氟气的化学性质，首次指出干燥而纯净的氟气并非活泼气体。先后合成了氟与铂、铱、碱土金属等的无机氟化合物，制出了氟代烃、六氟化硫。莫瓦桑还从事人造金刚石的研究，试图建立一种模拟天然金刚石形成的条件，将石墨和无定形碳转化为

金刚石。莫瓦桑还长期从事金属氢化物的研究，用氢气与多种金属反应制备了氢化钙、氢化钠、氢化钾、氢化铷等多种化合物。发明了电炉，又称作莫氏炉，其原理是利用电极间的弧光放电获得高温。主要著作有《电气冶炉》《氟离析》《氟及其化合物》《矿物化学和其他科学的关系》《矿物化学专著》。

电 炉

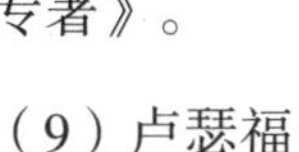

（9）卢瑟福

卢瑟福，英国物理学家、化学家，1908年诺贝尔化学奖获得者。1871年8月30日生于新西兰纳尔逊的一个手工业工人家庭后进入新西兰的坎特伯雷学院学习，1895年在新西兰大学毕业后，他获得英国剑桥大学的奖学金进入卡文迪许实验室，成为汤姆孙的研究生。1898年他担任加拿大麦吉尔大学的物理教授，这期间他在放射性方面贡献很大。1907年，卢瑟福任曼彻斯特大学物理学教授，1908年因对放射化学的研究荣获诺贝尔化学奖。1919年卢瑟福任卡文迪什实验室主任，1925年又当选为英国皇家学会主席。卢瑟福为人正直，是一个伟大的教育家，为人类培养了许多一流的专家。

19世纪末，物理学上爆出了震惊科学界的“三大发现”：1895年，德国物理学家伦琴发现了X射线，同年法国物理学家贝克勒尔发现了天然放射性，1897年，英国物理学家汤姆逊发现了电子。这些伟大的发现激励了卢瑟福，使他决心对原子结构进行深入研究。1899年，卢瑟福用强磁场作用于镭发出的射线，他发现射线可以被分成三个组成部分。他把偏转幅度小的带正电的部分叫α射线，把偏转幅度大的带负电的部分叫β射线，第三部分在磁场中不偏转且穿透力很强的部分称为γ射线。1903年，卢瑟福证实α射线是与元素氦质量相同的正离子流（氦核），β射线则是带负电的电子流。他进一步证明α射线打击到涂有硫化锌的荧光屏上，就会发出闪光。

卢瑟福

接着他又发现硼、氟、钠、铝、磷等元素都能发生核反应。核反应时，一种元素可以变成另一种元素。1920年，卢瑟福又提出了中

子假说，他认为原子核中，质子可能与电子紧密地结合，形成一种不带电的粒子，即中子，穿透力会很强。卢瑟福的研究成果对核物理学的发展具有重要作用。著有《放射学》《放射性物质及其辐射》《放射性变化》《放射性》《放射性物质辐射的α粒子的化学性质》《放射性物质的辐射作用》《新近的炼金术》《纳尔逊·卢瑟福勋爵文集》。

◆中国著名化学家

（1）黄鸣龙

黄鸣龙，有机化学家，江苏扬州人。1917年毕业于江苏省扬州中学，1918年毕业于浙江医院专科学校。1924年获德国柏林大学化学博士学位。1925年回国后，任浙江医药专科学校教授兼主任。1934年至1940年，黄鸣龙先后在德国符兹堡大学、德国先灵药厂研究院、英国伦敦大学作访问教授。1952年回国后，黄鸣龙历任中国人民解放军医学科学院化学系主任、中国科学院有机化学研究所研究员、中科院数学物理化学部委员、中国药学会副理事长。黄鸣龙毕生致力于有机化学的研究，特别是甾体化合物的合成研究，为中国有机化学的发展和甾体药物工业的建立以及科技人才的培养做出了突出贡献。

黄鸣龙回国后，主要是把发展有疗效的甾体化合物的工业生产作为甾体激素药物的工作目标。他首先在植物性甾体化合物方面，调研甾体皂素，以期获得较好的甾体药物的半合成原料。在化学方面，他则偏重于甾体激素的合成，目的是为寻找更经济的合成方法及疗效更高的化合物。1958年，他利用薯蓣皂甙元为原料，用微生物氧化加入11α-羟基和用氧化钙-碘-醋酸钾加入C21-OAc的方法，七步合成

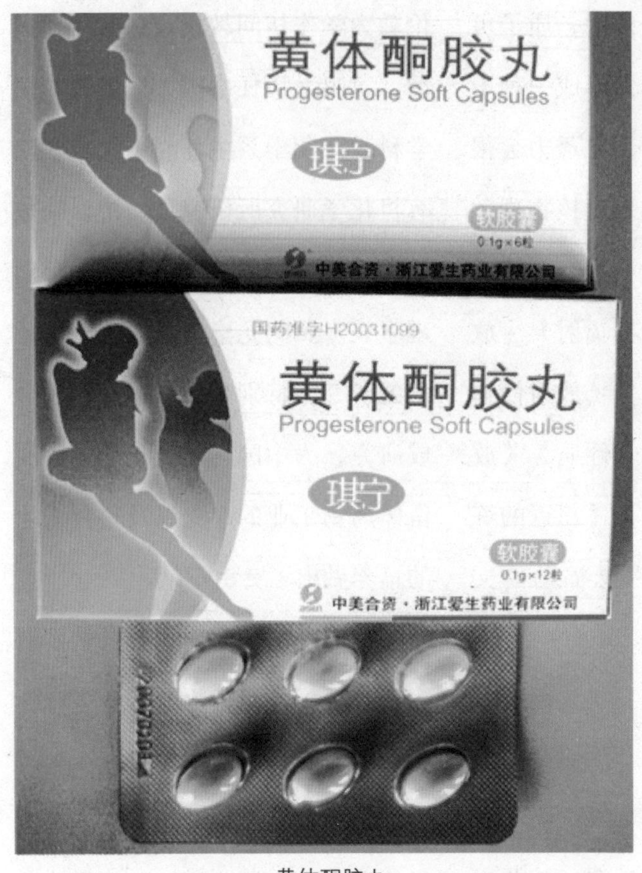

黄体酮胶丸

了可的松。这不仅填补了中国甾体工业的空白，而且使中国可的松的合成方法，跨进了世界先进行列。有了合成可的松的工业基础，许多重要的甾体激素，如黄体酮、睾丸素、可的唑、强的松、强的唑龙和地塞米松等，都在20世纪60年代初期先后生产出来。不久他又合成了若干种疗效更好的甾体激素，如6α-甲基可的唑、6α-甲基-17α-乙酰氧基黄体酮、Δ6-6-甲基副肾皮酮、Δ6-6-甲基-17α羟基黄体酮和Δ1-16-次甲基副肾皮酮等。

黄鸣龙还领导研制了甲地孕酮等计划生育药物，为建立甾体药物工业作出了重大贡献。由于他在甾体合成和甾体反应的研究上的突出贡献，1982年其获国家自然科学奖二等奖。有机化学史上迄今唯一一个用中国人名字命名的反应：黄鸣龙还原反应。

（2）唐敖庆

唐敖庆，1915年生于江苏宜兴。1940年毕业于西南联大，1949年获美国哥伦比亚大学博士学位，1950—1952年任北京大学教授，1952—1986年任吉林大学教授、校长，1986年任国家自然科学基金委员会主任、名誉主任。唐敖庆曾任中国科学院院士，国际量子分子科学研究院院士。

唐敖庆教授是中国杰出的化学家，数十年取得了一系列重大的科学成就。他创造性地发展和完善了配位场理论及研究方法，获1982年国家自然科学一等奖；提出和发展分子轨道图形理论的一系列新的数学方法和模型，深化了对化学拓朴规律的认识，获1987年国家自然科学奖一等奖。唐敖庆教授还对高分子反应，即缩聚、交联与固化、加聚、共聚与裂解等领域进行了系统研究，获1989年国家自然科学奖二等奖。1991年以后，他重点从事高碳原子簇的研究工作，在对称性、电子结构及稳定性规律方面取得成果。

（3）徐光宪

徐光宪，著名物理化学家，无机化学家，教育家，中国科学院院士，中国共产党党员，中国民主同盟盟员，汉族。1920年11月7日，徐光宪出生于浙江省绍兴上虞市，曾就读于著名的春晖中学，受到夏丏尊、朱自清、弘一法师等著名前辈的熏陶。

20世纪50年代，徐光宪发表论文《旋光理论中的邻近作用》，揭示了化学键四极矩对分子旋光性的主导作用；50年代，他改进仪器设备，把极谱法的测量精度提高了两个数量级，在国际上较早测定了碱金属和碱土金属与一些阴离子的配位平衡常数。根据弱配位平衡与吸附平衡的相似性，他提出配合物平

稀土——氧化镥

物结构规律性的研究。1982年，徐光宪通过总结实验资料和分析量子化学计算的结果，提出原子价的新定义及其量子化学定义，圆满解决了Pauling、Mayer等人定义中存在的问题。徐光宪非常重视科研基地的建设，1986年在他的主持下成立了北京大学稀土化学研究中心，1991年，在他的努力下，利用世界银行贷款

衡的吸附理论，可以简便地描述溶液中弱配位平衡过程。1957年，徐光宪被调往技术物理系工作，开展核燃料萃取化学的研究，1962年提出了被国内普遍采纳的萃取体系分类法。

从70年代末开始，徐光宪主持开展了对稀土量子化学和稀土化合在北京大学建立了稀土材料化学及应用国家重点实验室。

徐光宪热心教育事业，积极组织学术活动和学术交流，兼任多项学术职务，为培养科技人才倾注了心血。至今他已发表论文400余篇和10本教科书及专著，由于在科学研究方面的突出贡献，徐光宪1994

年获得首届何梁何利基金科学与技术进步奖，北京大学首届自然科学研究突出贡献奖，2008年度国家最高科学技术奖。

诺贝尔化学奖获得者（2000—2009年）

2000年，美国人黑格、麦克迪尔米德、日本人白川秀树因发现能够导电的塑料有功。

2001年，美国人威廉·诺尔斯、日本人野依良治在“手性催化氢化反应”领域取得成就；美国人巴里·夏普莱斯在“手性催化氢化反应”领域取得成就。

2002年，美国人约翰-B-芬恩、日本人田中耕一在生物高分子大规模质谱测定分析中发展了软解吸附作用电离方法；库特-乌特里希（瑞士）以核电磁共振光谱法确定了溶剂的生物高分子三维结构。

2003年，美国人阿格里和麦克农研究细胞膜水通道结构极其运作机理。

2004年，以色列阿龙·切哈诺沃、阿夫拉姆·赫什科、美国人欧文·罗斯发现了泛素调节的蛋白质降解——一种蛋白质“死亡”的重要机理。

2005年，法国人伊夫·肖万、美国人罗伯特·格拉布、理查德·施罗克研究了有机化学的烯烃复分解反应。

2006年，美国人罗杰·科恩伯格 研究“真核转录的分子基础”。

2007年，德国人格哈德·埃特尔进行固体表面化学研究。

2008年，美籍日裔人下村修、美国人马丁?查尔非、美籍华裔钱永健发现了GFP（绿色荧光蛋白）。

2009年，法国石油研究所的伊夫·肖万、美国加州理工学院的罗伯特·格拉布和麻省理工学院的理查德·施罗克。

第五章 生命科学

生命科学主要研究生命现象、生命活动的本质、特征和发生、发展规律，以及各种生物之间和生物与环境之间的相互关系。其目的用于有效地控制生命活动，能动地改造生物界，造福人类。生命科学还是与人类生存、人民健康、经济建设和社会发展密切相关的一门自然基础科学，在全球范围内很受关注。

一般认为，16世纪时现代生命科学系统开始建立。人们对生命现象的研究牢固地植根于观察和实验的基础上，以生命为对象的生物分支学科相继建立，逐渐形成了一个庞大的生命科学体系。18世纪以后，自然科学全面发展，生命科学也进入了辉煌发展阶段。在这一阶段，细胞学、进化论和遗传学构成了现代生命科学的基石。19世纪前后，生命科学又有一些分支学科建立，人们对生物发育现象的研究也获得了很大的进步，并由此建立了实验胚胎学。胚胎学实现了对各种代表生物的形态发育过程的组织学和细胞学的研究，绘制了有史以来最精美的生物学图谱。19世纪中期，微生物学创立。微生物学直接导致了医学疫苗的发明和免疫学的建立，推动了生物化学的进展，并为分子生物学的出现准备了条件。20世纪，分子生物学建立，这是生命科学最伟大的成就。从此，以基因组成、基因表达和遗传控制为核心的分子生物学的思想和研究方法迅速地深入到生命科学的各个领域，极大地推动了生命科学的发展。

在这一章里，我们就来一起谈一下生命科学的相关知识。

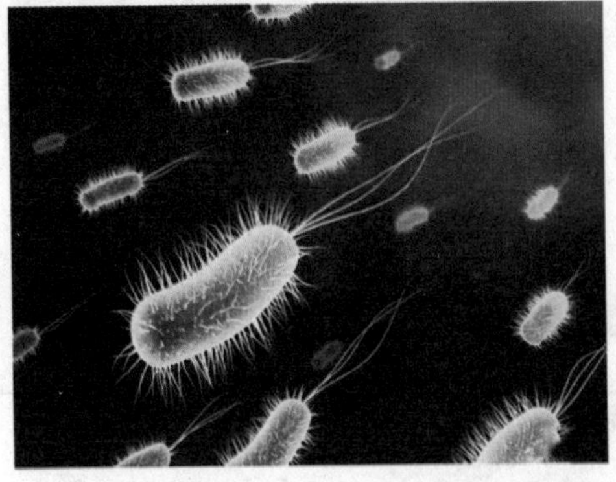

微生物

生命科学概述

生命科学是系统地阐述与生命特性有关的重大课题的科学。我们知道，物理定律和化学定律支配着无生命世界，但它们同样也适用于生命世界。因此，深入了解生命科学，也必然会促进物理、化学等人类其他知识领域的发展。实际上，生命科学研究不但依赖物理、化学

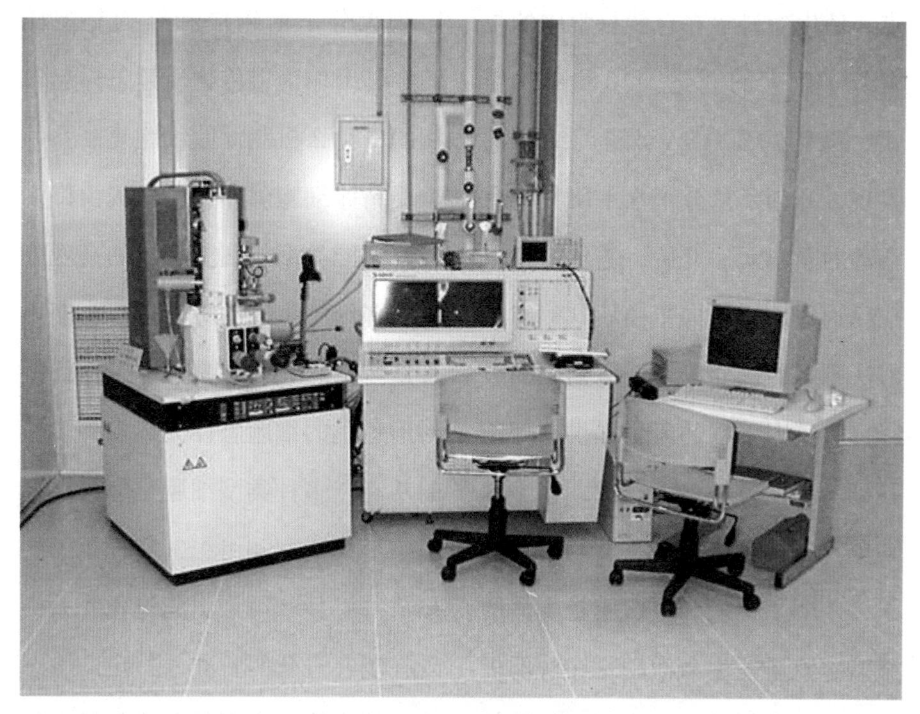

现代电子显微镜

知识，也依靠后者提供的仪器，如光学和电子显微镜、蛋白质电泳仪、超速离心机、X-射线仪、核磁共振分光计、正电子发射断层扫描仪等。生命科学也并不是单一的，而是由各个学科汇聚而来的，学科间的交叉渗透构成了许多前景无限的生长点与新兴学科。

当代生命科学具有显著的特点，分子生物学是生命科学的生长点，使生命科学在自然科学中的位置起了巨大的变化。20世纪50年代，遗传物质DNA双螺旋结构的发现，开创了从分子水平研究生命活动的新纪元。此后，遗传信息由DNA通过RNA传向蛋白质这一“中心法则”的确立以及遗传密码的破译，为基因工程的诞生提供了理论基础。蛋白质的人工合成，让生命现象不再神秘。这些重大的研究成果，阐明了核酸和蛋白质是生命的最基本物质，生命活动是在酶的催化作用下进行的。绝大部分的酶的化学本质是蛋白质，蛋白质是一切生命活动调节控制的主要承担者。这进一步揭示了蛋白质、酶、核酸等生物大分子的结构、功能和相互关系，为研究生命现象的本质和活动规律奠定了理论基础。

生命科学研究或正在研究着的主要课题有：生物物质的化学本质是什么？这些化学物质在体内是如何相到转化并表现出生命特征的？生物大分子的组成和结构是怎样的？基因作为遗传物质是怎样起作用的？什么机制促使细胞复制？一个受精卵细胞怎样在发育成由许多极其不同类型的细胞构成的高度分化的多细胞生物的奇异过程中使用其遗传信息？细胞是怎样工作的？形形色色的细胞怎样完成多种多样的功能？多种类型细胞是怎样结合起来形成器官和组织？物种是怎样形成的？什么因素引起进化？人类现在仍在进化吗？在一特定的生态小生境中物种之间的关系怎样？何

种因素支配着此一生境中每一物种的数量？动物行为的生理学基础是什么？记忆是怎样形成的？记忆存贮在什么地方？哪些因素能够影响学习和记忆？智力由何而来？除了在地球上，宇宙空间还有其它有智慧的生物吗？生命是怎样起源的等一系列很复杂的科学。

生命科学发展简史

现代生命科学开始于形态学的创立，1453年，比利时医生维萨里的名著《人体的结构》发表不仅标志着解剖学的建立，并直接推动了以血液循环研究为先导的生理分支学科的形成。1628年，英国医生哈维发表了他的名著《心血循环论》。解剖学和生理学的建立为人们对生命现象的全面研究奠定了基础。

18世纪以后，自然科学全面蓬勃发展，生命科学也进入了辉煌发展的阶段。生命科学重要的分支——细胞学、进化论、遗传学相继建立，构成了现代生命科学的基石。一般认为，细胞学创立于19世纪30年代，由施莱登、施旺以及稍后的数位生物学家共同完成。他们提出了细胞学说的内容：细胞是独立的生命单位、新细胞只能通过老细胞分裂繁殖产生，一切生物都是有细胞组成和由细胞发育而来。

林耐对现代生物分类系统建立的卓越贡献使得他成为有史以来最伟大的生物分类学家，千姿百态的生物物种被科学的归纳在界、门、纲、目、科、属、种的秩序里。林耐生物分类系统的建立更重要的意

达尔文

实验胚胎学。胚胎学实现了对各种代表生物的形态发育过程的组织学和细胞学的研究，并绘制了有史以来最精美的生物学图谱。

1856年，现代遗传学创始人孟德尔在“布隆自然历史学会”上宣读了自己的豌豆杂交实验结果，遗憾的是其工作的价值被埋没了30多年。直到20世纪初，当孟德尔发现的生物遗传规律被几个人同时再次试验证实时，才被人们所注意。魏斯曼关于生物发育的种质学说推动了遗传学的建立。还有摩尔根，他是为遗传学作出重大贡献的另一位伟大的遗传学家。20世纪10至20年代，摩尔根用果蝇为实验材料确立了以孟德尔和摩尔根的名字共同命名的景点遗传学的分离、连锁和交换三大定律，并因此而荣获了1933年的诺贝尔奖。遗传学科学地解释了生物的遗传现象，将细胞学发现的染色体

义还在于他直接的诱发了生物进化理论。1859年11月24日，达尔文发表了《物种起源》。《物种起源》是达尔文论述生物进化的重要著作，该书是19世纪最具争议的著作，其中的观点大多数为当今的科学界普遍接受。在该书中，达尔文首次提出了进化论的观点。

19世纪前后，生命科学的重大成就还包括其他一些重要的发现和分支学科的建立。解剖学和细胞学促使人们对生物发育现象的研究获得了长足的进步，并由此建立了

结构和进化论解释的生物进化现象联系起来，指出了遗传物质定位在染色体上而推动了DNA双螺旋结构合中心法则的发现，为分子生物学的建立奠定了基础。

巴斯德

19世纪中期，法国科学家巴斯德创立了微生物学。微生物学直接导致了医学疫苗的发明和免疫学的建立，进而推动了生物化学的进展，并为分子生物学的出现准备了条件。20世纪的前叶到中叶，生物化学得到了辉煌发展，出现了围绕能量和生物大分子物质代谢的研究，发现了生物以三磷酸循环为枢纽的有着复杂超循环结构的代谢途径，和以电子传递和氧化磷酸化为中心的生物能量获取、利用的基本方式。

20世纪，分子生物学建立，这是生命科学最伟大的成就。遗传学的研究预示了生物遗传载体分子的存在，而DNA双螺旋结构的发现直接导致了对生物DNA—RNA—蛋白质中心法则的揭示。人们因此探索到了生命运作的基础框架和生物世代更替的联系方式。从此，以基因组成、基因表达和遗传控制为核心的分子生物学的思想和研究方法迅速的深入到生命科学的各个领域，使生命科学得到了极大的发展。

自然知识小百科

生命科学中的基因检测

基因检测是如何进行的呢？用专用采样棒从被测者的口腔黏膜上刮取脱落细胞，通过先进的仪器设备，科研人员就可以从这些脱落细胞中得到被测者的DNA样本，对这些样本进行DNA测序和SNP单核苷酸多态性检测，就会清楚的知道被测者的基因排序和其他人有哪些不同，经过与已经发现的诸多种类疾病的基因样本进行比对，就可以找到被测者的DNA中存在哪些疾病的易感基因。

基因检测不等于医学上的医学疾病诊断，基因检测结果能告诉你有多高的风险患上某种疾病，但并不是说您已经患上某种疾病，或者说将来一定会患上这种疾病。

基因检测不仅能提前告诉我们有多高的患病风险，而且还可能明确地指导我们正确地用药，避免药物对我们的伤害。将会改变传统被动医疗中的乱用药、无效用药和有害用药以及盲目保健的局面。

生命科学分支

◆细胞学

细胞学是研究细胞结构和功能的生物学分支学科。细胞是组成有机体的形态和功能的基本单位，自

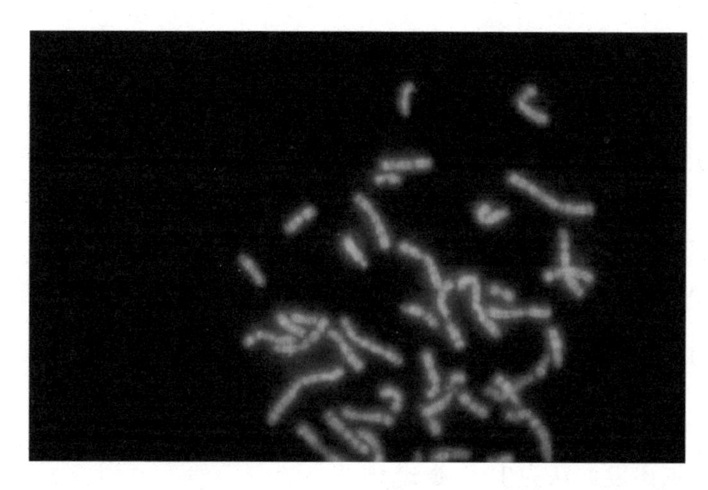

细　胞

身又是由许多部分构成的。关于结构的研究不仅要知道它是由哪些部分构成的，而且要进一步搞清每个部分的组成。相应地，关于功能不仅要知道细胞作为一个整体的功能，而且要了解各个部分在功能上的相互关系。有机体的生理功能和一切生命现象都是以细胞为基础表达的。因此，不论对有机体的遗传、发育以及生理机能的了解，还是对于作为医疗基础的病理学、药理学等以及农业的育种等，细胞学都至关重要。

对于研究细胞起了巨大推动作用的是施莱登和施万。1838年，施莱登描述了细胞是在一种粘液状的母质中经过一种像是结晶样的过程产生的，而且首先产生出核（还发现核仁）。并且他把植物看作细胞的共同体，就好像水螅虫的群体一样。在他的启发下施万坚信动、植物都是由细胞构成的。施万积累了大量事实，指出二者在结构和生长中的一致性，并于1839年提出了细胞学说。

◆进化论

进化论，又称演化论、天演

论，是用来解释生物在世代与世代之间具有变异现象的一套理论。进化论一词最先由法国生物学家拉马克提出，但是真正为进化论奠定了科学基础的是1859年出版的英国生物学家达尔文的《物种起源》一书。达尔文的进化理论，从生物与环境相互作用的观点出发，认为生物的变异、遗传和自然选择作用能导致生物的适应性改变。《物种起源》一书由于有充分的科学事实作根据，所以能经受住时间的考验，百余年来在学术界产生了深远的影响。但达尔文的进化理论还存在着若干明显的弱点：他的自然选择原理建立在当时流行的“融合遗传”假说之上，并且过分强调了生物进化的渐变性，用“中间类型绝灭”和“化石记录不全”来解释古生物资料所显示的跳跃性进化。1865年，奥地利植物学家孟德尔从豌豆的杂交实验中得出了颗粒遗传的正确结论。他证明遗传物质不融合，在繁殖传代的过程中，可以发生分离和重新组合。20世纪初遗传学建立，摩尔根等人进而建立了染色体遗传学说，全面揭示了遗传的基本规律。

◆遗传学

遗传学是研究基因的结构、功能及其变异、传递和表达规律的学科。它的研究范围包括遗传物质的本质、遗传物质的传递和遗传信息的实现三个方面。遗传物质的本质包括它的化学本质、它所包含的遗传信息、它的结构、组织和变化等。遗传物质的传递包括遗传物质的复制、染色体的行为、遗传规律和基因在群体中的数量变迁等。遗传信息的实现包括基因的原初功能、基因的相互作用，基因作用的调控以及个体发育中的基因的作用机制等。

遗传学分支学科一般按其所研究的问题划分，例如细胞遗传学是细胞学和遗传学的结合；发生遗传学所研究的是个体发育的遗传控制；行为遗传学研究的是行为的遗传基础；免疫遗传学研究的是免疫机制的遗传基础；辐射遗传学专门研究辐射的遗传学效应；药物遗传学则专门研究人对药物反应的遗传规律和物质基础等。遗传学分支学科的研究普遍采用生物化学方法，分子遗传学中的重组DNA技术或遗传工程技术已逐渐成为遗传学研究中的有力工具。此外，系统科学理论、组学生物技术、计算生物学与合成生物学是系统遗传学的研究方法。

染色体结构图

著名生物学家及成就

◆施莱登和施旺

施莱登，德国植物学家，细胞学说的创始人之一。生于汉堡，卒于法兰克福。1824—1827年，施莱登在海德堡学习法律，并在汉堡作过律师。因对植物学有浓厚兴趣而攻习植物学，于1831年毕业于耶拿大学，1850年任耶拿大学植物学教授。施莱登早年就曾对植物生理学和植物解剖学进行过较为深入的探

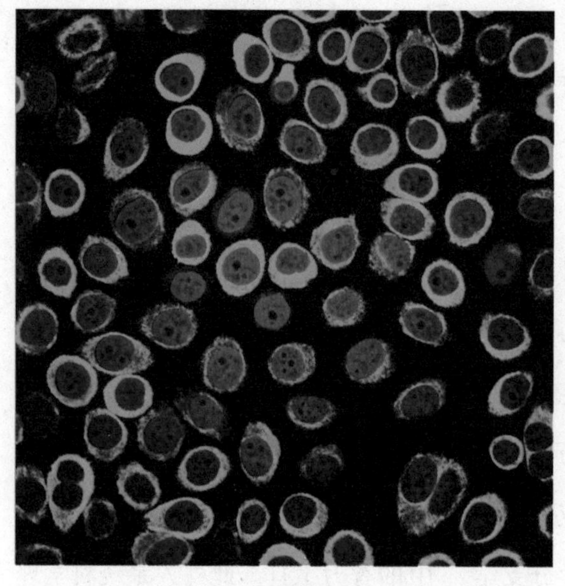
细 胞

它的生命的两重性：即细胞具有主要生命特征——自己的生命的同时，还具有作为整个机体的组织结构的生命特征。在细胞的生理过程方面，施莱登提出了新细胞是从旧细胞产生出来的理论。在细胞的生理地位方面，施莱登提出：细胞是一切植物机体生命的基本单位，是一切

讨。受到自然哲学思潮的影响，他开始研究植物的个体发育。施莱登认为：对植物个体发育这一植物学新领域的研究，将得到更多更深植物生理方面的认识，因此，它比研究传统的植物分类学更为重要。1838年，施莱登提出了一个关于细胞的生命特征、细胞的生理过程以及细胞的生理地位的理论，它标志着第一个较为系统的细胞学说的建立。在细胞的生命特征方面，施莱登认为，细胞的基本生命特征是植物体借以生存和生长的根本实体。

施旺，1810年12月7日生于诺伊斯，1882年1月11日殁于科隆。德国生理学家，细胞学说的创立者之一，普遍认为施旺是现代组织学（研究动植物组织结构）的创始人。施旺力图在研究细胞学的同时，将其与有机体的胚胎发育史和个体发育史结合起来。1839年，他发表了《动植物结构和生长相似性的显微研究》，把施莱登的

细胞学说成功地引入动物学，建立起了生物学中统一的细胞学说。在细胞的形成机理方面，施旺认为：细胞形成靠两种力量起作用，一种是有机细胞的代谢力，通过新陈代谢把细胞间的物质转化为适合于细胞形成的物质；一种是有机细胞的吸引力，通过浓缩和沉淀细胞间的物质而形成细胞。这两种内在的力量使细胞具有生命，并使它在机体里具有自立性。在生命的发育过程方面，施旺认为有机体有一个普遍的发育原则，这个原则便是细胞的形成。

细胞学说的主要内容有：细胞是有机体，一切动植物都是由单细胞发育而来，即生物是由细胞和细胞的产物所构成；所有细胞在结构和组成上基本相似；新细胞是由已存在的细胞分裂而来；生物的疾病是因为其细胞机能失常；细胞是生物体结构和功能的基本单位；生物体是通过细胞的活动来反映其功能的；细胞是一个相对独立的单位，既有他自己的生命，有对于其他细胞共同组成的整体的生命起作用；新的细胞可以由老的细胞产生。

◆达尔文与进化论

达尔文，英国的博物学家，生物学家，进化论的奠基人。1809年2月12日，达尔文于诞生在英国的一个小城镇。他以博物学家的身份，参加了英国派遣的环球航行，做了五年的科学考察。他在动植物和地质方面进行了大量的观察和采集，经过综合探讨，形成了生物进化的概念。1859年，达尔文出版了震动当时学术界的《物种起源》。

《物种起源》是进化论奠基人达尔文的第一部巨著，全书分为十五编，前有引言和绪论。十五编的目次为：第一，家养状态下的变异；第二，自然状态下的变异；第三，生存斗争；第四，自然选择

（即适者生存）;第五，变异的法则；第六，学说之疑难；第七，对自然选择学说的各种异议；第八，本能；第九，杂种性质；第十，地质记录的不完整；第十一，古生物的演替；第十二，生物的地理分布；第十三，生物的地理分布续篇；第十四，生物间的亲缘关系：形表学、胚胎学和退化器官；第十五，综述和结论。

进化论，是生物学最基本的理论之一。最早由达尔文提出，是指生物在变异、遗传与自然选择作用下的演变发展，物种淘汰和物种产生过程。地球上原来无生命，大约在30多亿年前，在一定的条件下，形成了原始生命，其后，生物不断地进化，直至今天世界上存在着170多万个物种。进化论有三大经典证据：比较解剖学、古生物学和胚胎发育重演律。

生物进化可以分成三个层次：微进化（生物群体中基因频率的改变）、新种生成和大进化（从一个类型到另一个类型的跃变，比如从鱼类进化到两栖类）。现代综合学说完美地解释了微进化和新种生成，并认为由微进化和新种生成的研究所得的结果可以进一步推广到大进化。但是一些生物学家对这个推论表示怀疑，他们认为生物大进化可能有属于自己的机理。按照他们的观点，生物新类型的产生是在生物胚胎发育过程中基因突变的结果。胚胎发育时的微小突变可以导致成体的巨大变化。最近发育生物学的研究似乎证明了这

进化论

一点：如果在胚胎发育过程中，某种基因的表达速度变慢，就会使鱼鳍变成肢足。可以预见，随着发育生物学的发展，越来越多的大进化难题将被解决。

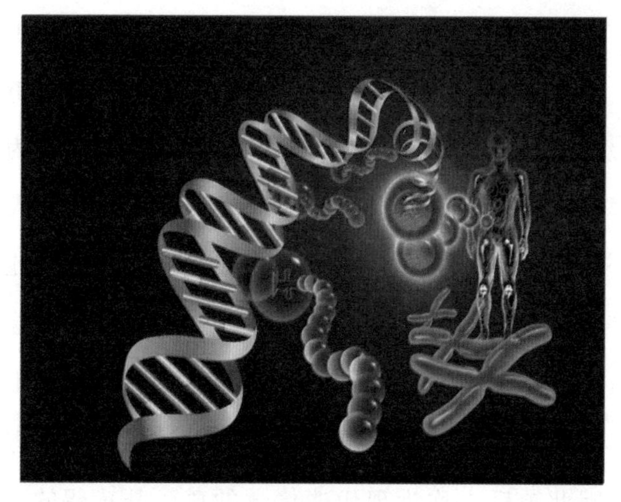
基　因

◆孟德尔

孟德尔，被称为“现代遗传学之父”，是遗传学的奠基人。1865年发现遗传定律。1866年，孟德尔在《布尔诺自然史学会杂志》上发表了他的实验结果，揭露了生物遗传的粒子性，并阐明其遗传规律，但其工作直到1900年才被重新认识。

孟德尔学说的主要内容为：

分离定律：基因作为独特的独立单位而代代相传。细胞中有成对的基本遗传单位，在杂种的生殖细胞中，成对的遗传单位一个来自雄性亲本，一个来自雌性亲本，形成配子时这些遗传单位彼此分离。也就是说：基因对中的两个基因（等位基因）分别位于成对的两条同源染色体上，在亲本生物体产生性细胞过程中，上述等位基因分离，性细胞的一半具有某种形式的基因，另一半具有另一种形式的基因。由这些性细胞形成的后代可反映出这种比率。

独立分配定律：在一对染色体上的基因对中的等位基因能够独立遗传，与其他染色体对基因对中的

等位基因无关；并且含不同对基因组合的性细胞能够同另一个亲本的性细胞进行随机的融合。孟德尔已经认识到任何一个相当于人体中的精细胞或卵细胞的生殖细胞都仅仅包含一个偶然代代相传的基因。

孟德尔的这两条遗传基本定律就是新遗传学的起点，孟德尔也因此被后人称为现代遗传学的奠基人。

◆巴茹·贝纳塞拉夫

巴茹·贝纳塞拉夫，1920年10月29日出生于委内瑞拉加拉加斯，1939年贝纳塞拉夫居家移居纽约。至1942年为止巴茹·贝纳塞拉夫在哥伦比亚大学学医。1943年他加入美国籍，此后他又在里士满的弗吉尼亚医学院继续学习。1945年他获得医学博士学位，并在纽约昆斯医院成为助理医生，后来他转移到法国南锡的军医院。服役满后他在哥伦比亚大学的微生物学系从事研究工作。1956年贝纳塞拉夫被授任纽约大学比较病理学特殊教授。1960年他成为正式教授。1970年波士顿的哈佛大学聘请他为比较病理学教授。他在哈佛大学工作直至退休。

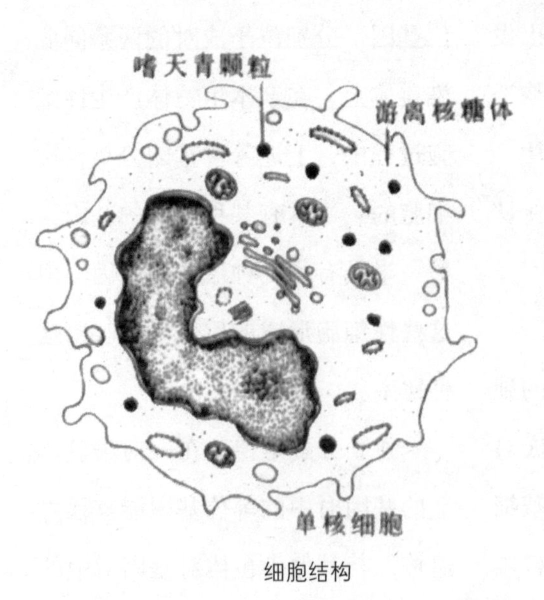

细胞结构

巴茹·贝纳塞拉夫的主要工作领域是免疫学和移植医学。1980年，他与乔治·斯内尔和让·多塞一起因“发现了控制免疫反应的、遗传的细胞表面结构”而获得诺贝尔生理学或医学

奖。他们通过试验证明这个相容性是遗传决定的，还证实白血球表面携带着与其它细胞相同的表面结构。通过他们的工作，科学家才能够对免疫相容性进行试验研究，医生只要通过验血就可以确定移植器官会引起怎样的免疫反应。

◆斯内尔

斯内尔，美国遗传学家。1903年12月19日生于马萨诸塞州布雷得福。斯内尔1926年毕业于达特默斯，1930年在哈佛获遗传学博士学位。1935年进入杰克逊实验所。自1944年开始，斯内尔即对组织移植以及个体接受或排斥移植物的情况深感兴趣。他发现遗传因素十分重要。如果被移植的小鼠与移植物属于同一品种，移植物就能成活；如果不是同一品种，就被排斥。他发现了与接受或排斥有关的特殊基因的位置所在。斯内尔由于自己的工作，分享了1980年诺贝尔生理学与医学奖。

◆斯佩里

斯佩里，美国神经心理学家。他用测验的方法研究了裂脑病人的心理特征，证明大脑两半球的功能具有显著差异，提出了两个脑的概念。斯佩里曾荣获国家科学奖，1960年当选为国家科学院院士，1971年获美国心理学会颁发的杰出科学贡献奖，1981年获诺贝尔生理学或医学奖。

斯佩里把猫、猴子、猩猩联结大脑两半球的神经纤维割断，称为“割裂脑”手术。这样两个半球的相互联系被切断，外界信息传至大脑半球皮层的某一部分后，不能同时又将此信息通过横向胼胝体纤维传至对侧皮层相对应的部分。每个半球各自独立地进行活动，彼此不能知道对侧半球的活动情况。这一手术于1940年在临床上对慢性顽固

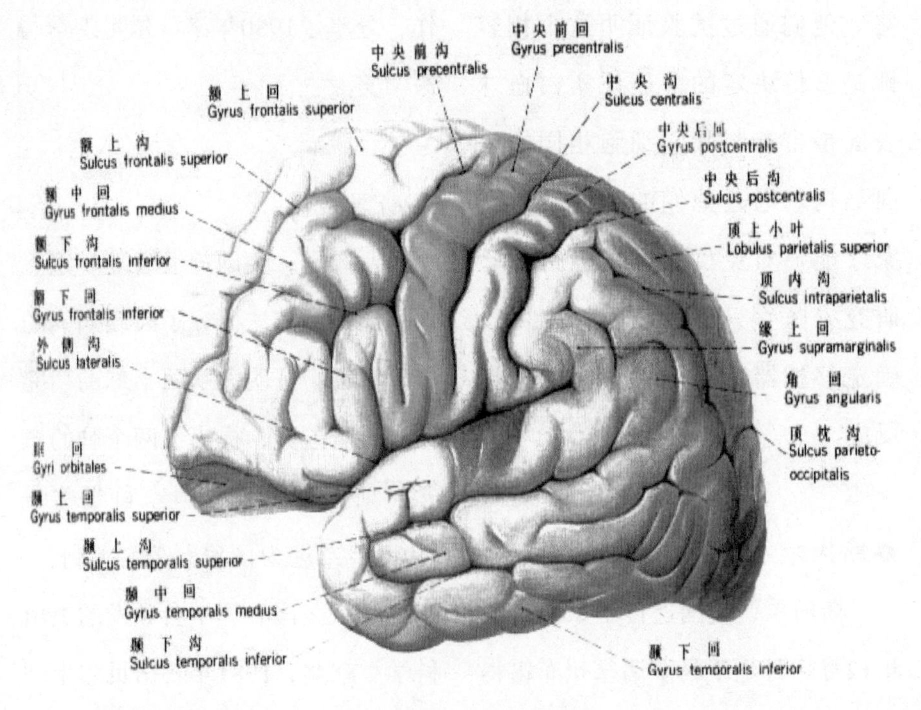

大脑结构示意图

性癫痫病人使用，获得较理想的疗效，癫痫发作几乎完全消失。1961年，斯佩里设计了精巧和详尽的测验，在做割裂脑手术的人恢复以后，进行了神经心理学的测定，获得了人左右两半球机能分工的第一手资料，发现两半球机能的不对称性，右半球也有言语功能，从而更新了优势半球的概念。裂脑人的每一个半球都有其独自的感觉、知觉和意念，都能独立地学习、记忆和理解，两个半球都能被训练执行同时发生的相互矛盾的任务。斯佩里的研究，深入地揭示了人的言语、思维和意识与两个半球的关系，成绩卓著。

第六章 医学

医学，以治疗预防生理疾病和提高人体生理机体健康为目的，是处理人健康定义中人的生理处于良好状态相关问题的一种科学。从狭义上讲，医学只是疾病的治疗和机体有效功能的极限恢复。但是，从广义上讲，医学还包括中国养生学和由此衍生的西方的营养学。

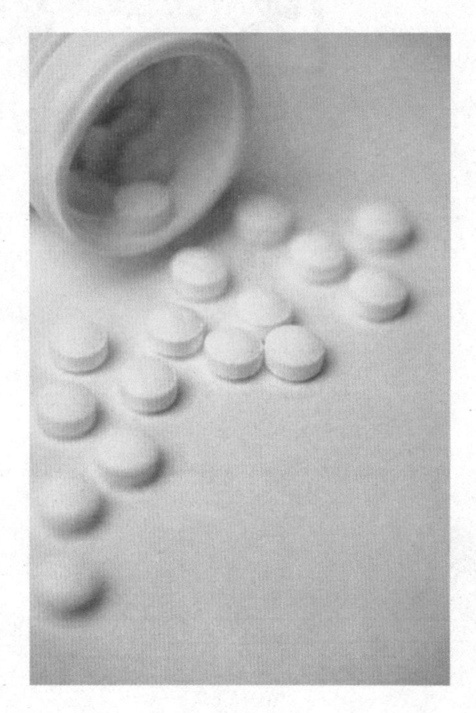
药 品

医学可分为现代医学（也就是通常说的西医学）和传统医学（包括中医学、藏医学、蒙医学等）多种医学体系。不同的地区和民族都有相应的医学体系，宗旨和目的也各不相同。西医学是最近三四百年来建立在解剖学、生物学及现代科学技术基础上、发展起来的一门以“解剖人、肉体人”为概念的、新兴的现代医学科学理论体系。而中医学，则是指形成于数千年前的中国，建立在人们与疾病长期斗争的经验总结及阴阳五行、八纲脏腑辨证基础上，运用朴素辩证法及思辨推理方法，认识机体、自然、疾病三者关系，发展起来的一门以“功能人”包括功能脏器为概念的独特的医学哲学理论体系。

在这一章里，我们就来一起谈一下医学的相关知识。

医学概述

人类医学发展到21世纪，主要形成了东方医学（主要指中国医学即中医，其它有藏医、蒙医等世界传统医学）和西方医学（即西医）两大分支，二者在形式上的融合又形成了第三种医学——中西医结合医学，而从中西医学比较研究与汇通走向了现代系统医学领域。

中医也就是中国传统医药学，数千年前就已经形成，是建立在人们与疾病长期斗争的经验总结及阴阳五行、八纲脏腑辨证基础上，运用朴素辩证法及思辨推理方法，认识机体、自然、疾病三者关系，发展起来的一门以“功能人”包括功能脏器为概念的独特的医学哲学理论体系。在治疗上，除了药物外，还有针灸、推拿气功、耳针等特殊疗法，它是世界传统医学中最完善的一种医学理论体系。

而西医学则是最近三四百年来建立在解剖学、生物学及现代科学技术基础上、发展起来的一门以“解剖人、肉体人”为概念的、新兴的现代医学科学理论体系。主要采用科学实验方法，从宏观到微观，直至目前的分子基因层次水平，发展极为迅速，超过其它任何一门医学科学，成为世界医学史上的主流。

由此可见，中西医学一个是以“功能人”为概念的独特的哲学医学理论体系，一个是以“解剖人、肉体人”为概念的新兴的现代医学

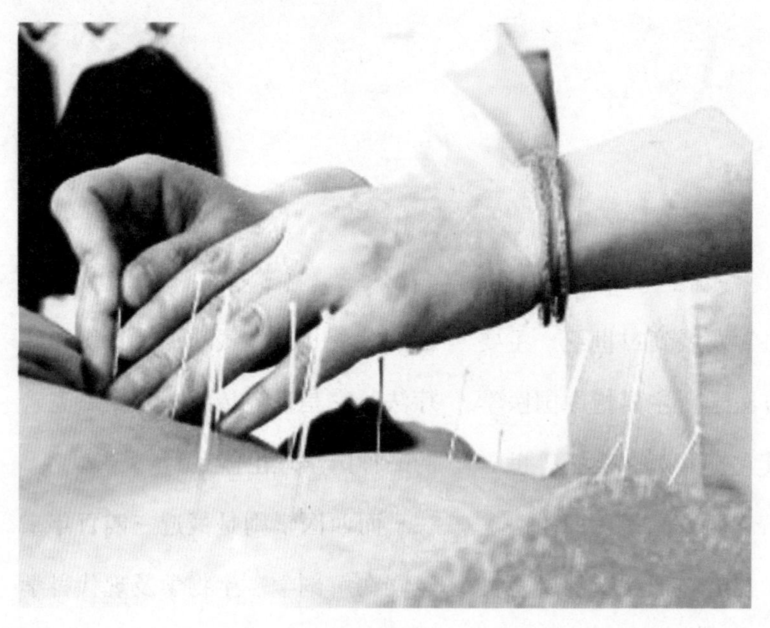

针 灸

科学理论体系。中、西医学运用不同的思维模式诊治疾病，其基本理论各成体系并有根本差异。中西医学的差异不仅仅是有否实证的科学理念，最主要的是两种文化体系的差别。从理论上讲，中、西医学是两种不可能统一的医学体系。“中体西用”曾成为中西医汇通派的指导思想，但由于两种医学的根基不同，硬在中医之体上套上西医之用，近一个世纪的事实证明，“汇通医学的体用判断脱离了中西医学的事实认识，以价值认识代替了事实认识，决定最终结果劳而无功”。

尽管中、西医学不能融合成为一种统一的医学模式，但可以独立发展，整合互补。缘于现代信息论、系统论和控制论的影响，西医学的发展趋势若仅仅是单纯地重视分析而忽略了整体结构和整体功能，无疑将渐行渐窄。而中医则因夹带有很多主观因素，难以客观地定量，定性。若中医的诊察疾病能参考现代医学的微观分析，将辨证与辨病相结合，实现宏观与微观的统一，使中医诊断客观化，即把分析与综合相结合的方法引入中医理、法、方、药的研究，使二者有机结合，互相借鉴、补充，避免各自的片面性、局限性，这将有利于中西医学的优势互补，多元发展。

不管是中医学还是西医学，从二者现有的思维方式的发展趋势来看，均是走向现代系统论思维，中医药学理论与现代科学体系之间具有系统同型性，属于本质相同而描述表达方式不同的两种科学形式。因此，我们必须跳出中西医学的理论框架，建立起一个新的医学理论体系——东方医学和西方医学（即西医）的融合形成现代系统医学。该体系所涉及的一切问题不管从广度上，还是从深度上，都应该远远超过现有的中西医学理论，并将现有中西医学理论纳入自己的理论框架范围之内。

医学发展简史

东西方文化历史背景是中、西医学形成、发展的土壤。公元2世纪，东西方的两位医学巨匠张仲景和盖伦，传承了不同的学术思想，创建了差别很大的医学范式，发展和完善了不同的理论体系，使中、西医学各自走向了两条完全不同的发展道路。

◆中医学发展简史

中国的中医学起源于三皇五帝时期，相传伏羲发明了针灸并尝试

草药。在公元前3000多年，中国的轩辕黄帝写下了人类第一部医学著

皇帝轩辕氏

作——《祝由科》，后世人在这部医药著作的基础上不断增补删改，逐渐形成了后来的《黄帝内经》和《黄帝外经》，并由祝由科里将纯粹的医药分离了出来，形成了后来的中医学。

在春秋战国（公元前770年—前221年）时期名医辈出，秦国有名医医缓，齐国有长桑和他的徒弟扁鹊。扁鹊发明了中医独特的辨证论治，并总结为"四诊"方法，即"望、闻、问、切"。春秋战国时流行的主要医学著作有《黄帝内经》《黄帝外经》《扁鹊内经》《扁鹊外经》《白氏内经》《白氏外经》和《旁篇》这七本，合成"七经"。

在秦朝（公元前221年—公元前207年）出现了世界上最早的专门法医——"令史"。秦律规定，死因不明的案件原则上都要进行尸体检验，司法官如果违法不进行检验，将受到处罚。秦代的《封诊式》对法医鉴定的方法、程序等有较为详细的记载。秦代还在世界上第一个建立传染病医院——"疠迁所"，并制定了最早的治疗传染病的隔离制度。这说明中国古代对传染性疾病的治疗措施，很早就已经是有效的。

到了西汉时期（公元前202

年—公元8年），中医的阴阳五行理论已经非常完备，名医则有太仓公淳于意和公乘阳庆。东汉时出现了著名医学家张仲景和华佗。张仲景完善了中医的辨证理论，他还是世界上第一个临床医学大师，被尊称为“医圣”。他著有《伤寒论》《疗妇人方》《黄素方》《口齿论》《平病方》等等医书，最终流传下来的医书被后人编纂为《伤寒杂病论》和《金匮要略》。东汉末年，华佗则以精通外科手术和麻醉名闻天下，华佗是世界上第一个使用麻醉药进行手术的人，他发明的麻沸散是世界上最早的麻醉药物，还创立了世界上最早的健身体操“五禽戏”。在汉代，大量的医药和历算等书籍传入西藏（《西藏王统记》记载）。在汉代还出现了专门性的妇科医院，西汉时的“乳舍”，是世界上最早的妇产医院。

张仲景

南北朝时期（420—589年），出现了世界上最早的两本儿科专著，即王末钞的《小儿用药本草》和徐叔响的《疗少小百病杂方》。南朝宋元嘉二十年（公元443年），太医令秦承祖创建了世界上第一个医学院。到了公元6世纪，隋朝完善了这一医学教育机构，并命名为“太医署”，署内分医、药两部，太医令是最高官职，丞为之助理，下有主药、医师、药园师、

医博士、助教、按摩博士、祝禁博士，在校师生最多时达580人之多。

在唐朝（公元618－907年），孙思邈总结前人的理论并总结经验，收集药方多达5000多个，出版了《大医精诚 》《千金要方》《千金翼方》三本医学著作，后世尊称他为“药王”。唐朝以后，中国医学理论和著作大量外传到突厥、高句丽、日本、中亚、西亚等地。

到了唐末宋初，儿科专著《颅囟经》问世流行，而世界医学史上第一个著名儿科专家钱乙则受此书启发，撰写了著名的儿科巨著《小儿药证直诀》，后人把钱乙尊称为“儿科之圣”“幼科之鼻祖”。北宋时期，宋政府设立翰林医学院即太医局，医学分科已经非常完备，并且统一了中国针灸穴位，出版《图经》。北宋的宋慈出版了世界上最早的法医学著作《洗冤集录》。

在明朝，著名医学家李时珍的医学巨著《本草纲目》成书，这本书不仅是药物学专着，还包括植物学、动物学、矿物学、化学等方面的知识。《本草纲目》刊行后很快传入日本、朝鲜及越南等亚洲地区，在公元17、18世纪先后被

《本草纲目》

翻译成多种欧洲语言。另一方面，李时珍是世界上第一个提出大脑负责精神感觉、又发现胆结石病、利用冰敷替高热病人降温以及发明消毒技术的医学家。此外还有王叔和的《脉经》、皇甫谧的《针灸甲乙经》、陶弘景的《本草经集注》等大量医学典籍问世。自明朝中医发展已经达到了顶峰，出现了诸多的医学流派。

清朝末年，中国受西方列强侵略，国运衰弱。同时现代医学（西医）大量涌入，严重冲击了中医发展。中国许多人士主张医学现代化，中医学受到巨大的挑战。人们开始使用西方医学体系的思维模式加以检视，中医学陷入存与废的争论之中。同属中国医学体系的日本汉方医学、韩国的韩医学亦是如此。

在文化大革命期间，中医作为"古为今用"的医学实例得到中国共产党政策上的支持而得以发展。现代，中医在中国仍然是治疗疾病的常用手段之一。

◆西医学发展简史

西方近代医学是指文艺复兴以后逐渐兴起的医学，一般包括16世纪、17世纪、18世纪和19世纪的欧洲医学。封建社会后期，手工业和商业开始发展，生产力的增长促进了对新市场的寻找。东西方文化的交流加强，许多药物也由东方传入欧洲。

16世纪，欧洲医学摆脱了古代权威的束缚，开始独立发展，其主要成就是人体解剖学的建立。这既表明一门古老的学科在新的水平上复活，又标志着医学新征途的开始。

17世纪，量度观念已很普及。最先在医界使用量度手段的是圣托里奥。他制作了体温计和脉搏计。

实验、量度的应用，使生命科学开始步入科学轨道，其标志是血液循环的发现。随着实验的兴起，出现了许多科学仪器，显微镜就是17世纪初出现的。显微镜把人们带到一个新的认识水平。在这以后，科学家利用显微镜取得了一系列重要发现。

18世纪，欧洲各国已进入了资本主义确立时期。这一时期，医学的发展主要表现在：（1）病理解剖学的建立。到18世纪，医学家已经解剖了无数尸体，对人体的正常构造已有了清晰的认识。（2）叩诊的发明。18世纪后半期，奥地利医生奥恩布鲁格发明了叩诊。经过大量经验观察，包括尸体解剖追踪，他创立应用至今的叩诊法。（3）临床教学的开始。在17世纪以前，欧洲并无有组织的临床教育，学生到医校学习，考试及格就可领到毕业证书。到18世纪，临床医学教学兴盛起来，莱顿大学在医院中设立了教学病床，布尔哈维成了当时世界有名的临床医学家。（4）预防医学的成就。詹纳发明牛痘接种法，这是18世纪预防医学的一件大事。

琴纳接种牛痘

19世纪，各主要欧洲国家继英、法之后，先后爆发了资产阶级革命。资产阶级革命和产业革命的进行，摧毁了封建势力，促进了社会发展和生产关系的变

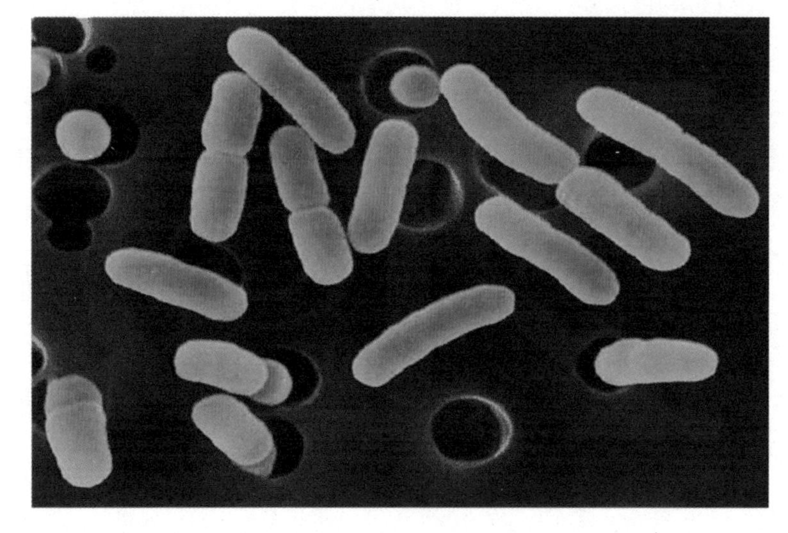
细　菌

革，使生产力大大提高。19世纪欧洲医学的主要进展有以下几个方面：（1）细胞病理学。19世纪初细胞学说提出，到19世纪中叶德国病理学家菲尔肖倡导细胞病理学，将疾病研究深入到细胞层次。（2）细菌学的建立。19世纪中叶，由于发酵工业的需要，由于物理学、化学的进步和显微镜的改进，细菌学诞生了。19世纪后30年，是细菌学时代，大多数主要致病菌在此时期内先后发现。（3）药理学。19世纪初期，一些植物药的有效成分先后被提取出来。例如，1806年由阿片提出吗啡；1819年由金鸡纳皮提出奎宁等。至19世纪中叶，尿素、氯仿等已合成。（4）实验生理学。到19世纪，人们应用物理、化学的理论和实验方法研究机体，从而逐渐兴起实验生理学。（5）诊断学的进步。19世纪初，法国医生科尔维萨经20年研究后对叩诊加以推广，才促进了叩诊法在临床上的应用。至19世纪末和20世纪初，由于微生物学和免疫学的成就，医生的诊断方法更为丰

富。（6）外科学的进步。19世纪中叶，解剖学的发展和麻醉法、防腐法和无菌法的应用，对19世纪末和20世纪初期外科学的发展，起了决定性的作用。

到了20世纪，医学的特点是一方面向微观发展，如分子生物学；一方面又向宏观发展。20世纪以来，基础医学方面成就最突出的是基本理论的发展，它有力地推进了临床医学和预防医学。治疗和预防疾病的有效手段在20世纪才开始出现。20世纪医学发展的主要原因是自然科学的进步。各学科专业间交叉融合，这形成现代医学的特点之一。

自然知识小百科

《伤寒杂病论》选读

问曰：人恐怖者，其脉何状？师曰：脉形如循丝累累然，其面白脱色也。

问曰：人不饮，其脉何类？师曰：脉自涩，唇口干燥也。

问曰：人愧者，其脉何类？师曰：脉浮而面色乍白乍赤也。

师曰：寸口诸微亡阳，诸濡亡血，诸弱发热，诸紧为寒。诸乘寒者则为厥，郁冒不仁，以胃无谷气，脾涩不通，口急不能言，战而栗也。

师曰：发热则脉躁，恶寒则脉静，脉随证转者，为病疟。

师曰：伤寒，咳逆上气，其脉散者死，为其形损故也。

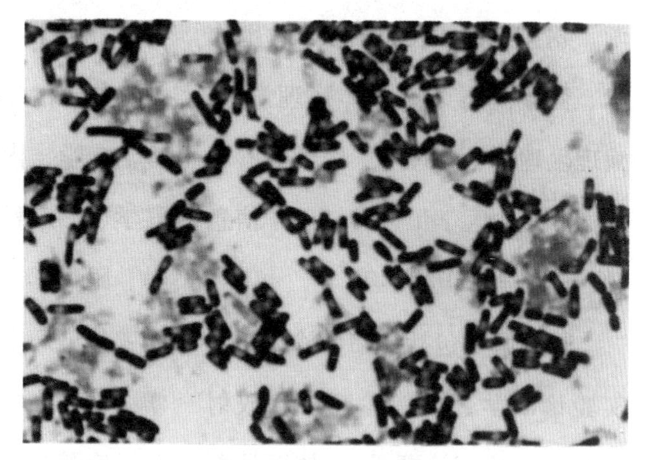
磷细菌

师曰：脉乍大乍小，乍静乍乱，见人惊恐者，为祟发于胆，气竭故也。

师曰：人脉皆无病，暴发重病，不省人事者，为厉鬼，治之以祝由，能言者可治，不言者死。

师曰：脉浮而洪，身汗如油，喘而不休，水浆不下，形体不仁，乍静乍乱，此为命绝也。

医学分支

医学可分为现代医学（即通常说的西医学）和传统医学（包括中医学、藏医学、蒙医学等等）多种医学体系。不同地区和民族都有相应的一些医学体系，宗旨和目的不尽相同。印度传统医学系统也被认为很发达。研究领域大方向包括基础医学、临床医学、检验医学、预防医学、保健医学、康复医学等。

基础医学包括：医学生物数学、医学生物化学、医学生物物理学、人体解剖学，医学细胞生物学、人体生理学、人体组织学、人体胚胎学、医学遗传学、人体免疫

学、医学寄生虫学、医学微生物学、医学病毒学、人体病理学、病理生理学、药理学、医学实验动物学、生物医学工程学、医学信息学、急救学、护病学等。

临床医学包括：临床诊断学、实验诊断学、影像诊断学、放射诊断学、超声诊断学、核医诊断学、临床治疗学、职能治疗学、化学治疗学、生物治疗学、血液治疗学、组织器官治疗学、饮食治疗学、物理治疗学、语言治疗学、心理治疗学、内科学、外科学、泌尿科学、妇产科学、儿科学、老年医学、眼科学、耳鼻喉科学、口腔医学、传染病学、皮肤医学、神经医学、精神病学、肿瘤医学、急诊医学、麻醉学、护理学、家庭医学、性医学、临终关怀学、康复医学、保健医学、听力学。

著名医学家及成就

◆国外著名医学家

（1）盖　伦

盖伦，古罗马时期最著名最有影响的医学大师，他被认为是仅次于希波克拉底的第二个医学权威。盖伦是最著名的医生和解剖学家。他一生专心致力于医疗实践解剖研究、写作和各类学术活动。

盖伦最成功的研究是解剖学，在罗马人统治的时期，人体解剖是严格禁止的。因此，盖仑只能进行动物解剖实验，他通过对猪、山

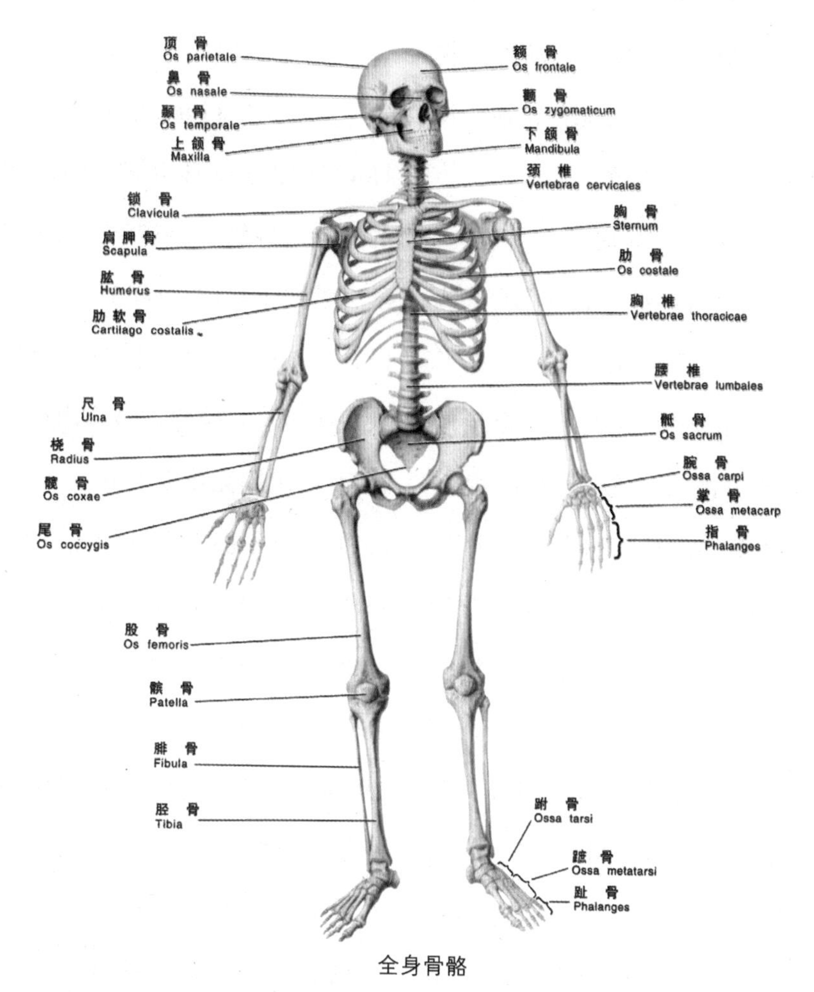

全身骨骼

羊、猴子和猿类等活体动物实验，在解剖学、生理学、病理学及医疗学方面有许多新发现。他考察了心脏的作用，并且对脑和脊髓进行了研究，认识到神经起源于脊髓。认识到人体有消化、呼吸和神经等系统。他看到猴子和猿类的身体结构与人很相似，因而把在动物实验中获得的知识应用到人体中，对骨骼肌肉作了细致的观察，他还对植物，动物和矿物的药用价值作了比较深入的研究，在他的药物学著作

中记载了植物药540种，动物药物180中种，矿物药物100种，在药物的研究上也卓有成效。

（2）希波克拉底

希波克拉底，被西方尊为“医学之父”，欧洲医学奠基人，西方医学奠基人。他提出了“体液学说”，认为人体由血液、粘液、黄胆和黑胆四种体液组成，这四种体液的不同配合使人们有不同的体质。他把疾病看作是发展着的现象，认为医师所应医治的不仅是病而是病人，从而改变了当时医学中以巫术和宗教为根据的观念。他主张在治疗上注意病人的个性特征、环境因素和生活方式对患病的影响。重视卫生饮食疗法，但也不忽视药物治疗，尤其注意对症治疗和预后。他对骨骼、关节、肌肉等都很有研究。他的医学观点对以后西方医学的发展有巨大影响。

（3）罗伯特·科赫

罗伯特·科赫，德国医学家，1843年12月11日生于德国汉诺威的克劳斯特尔。1866年获哥丁根大学医学博士学位。1866年在汉堡行医，1866—1868年任拉根哈根疯人院医生。1868年在波兹南行医，1869年在拉克维茨行医。1870—1871年，任德国军队医生。1872—1880年，在伍尔斯坦行医。1880—1885年，任柏林大学教授。1885—1890年，任柏林大学教授。1891—1904年，任柏林传染病研究所所长。罗伯特·科赫主要著作有《外伤传染病的病原学研究》《结核病的病原学》《炭疽热的病原学及炭疽杆菌的个体发育基础》《研究、保存和拍摄细菌的方法》，1910年5月27日死于德国的巴登，享年67岁。

（4）拉尔德·楚尔·豪森

拉尔德·楚尔·豪森，德国著

名医学家、病毒学家，2008年诺贝尔生理学或医学奖获得者。豪森的科学成就是发现了人乳头状瘤病毒，这种病毒是导致宫颈癌的罪魁祸首，并研制出了两种能够预防女性第二常见癌症——宫颈癌的有效疫苗。

豪森毕生精力用于研究乳头状瘤病毒，并发现了乳头状瘤病毒是子宫颈癌的成因。豪森的主要研究领域为病毒学，其于1970年研究出人类乳突病毒很可能会是子宫颈癌的成因，经锲而不舍的研究，终证实两者间的直接关连性。病毒学是一门以病毒为研究对象的学科，是微生物学的一个分支。其研究领域包括病毒的结构、分类、进化、感染细胞的机制、复制以及所引发的疾病等，也包括病毒纯化和培养技术的开发和病毒在研究和治疗中的应用。1983—2003年，豪森担任德国癌症研究中心主席，国际癌症期刊主编。

（5）马丁·约翰·埃文斯

马丁·约翰·埃文斯，英国生理科学家，2007年诺贝尔生理学或医学奖获得者，其科学成就是因在涉及胚胎干细胞和哺乳动物DNA重组方面的一系列突破性发现，而产生了被称为“基因打靶”的强大技术，而获得诺贝尔生理学及医学奖。马丁·埃文斯1963年毕业于剑桥大学，从事基因对肢体发展的控制。1981年在剑桥大学执教，和马

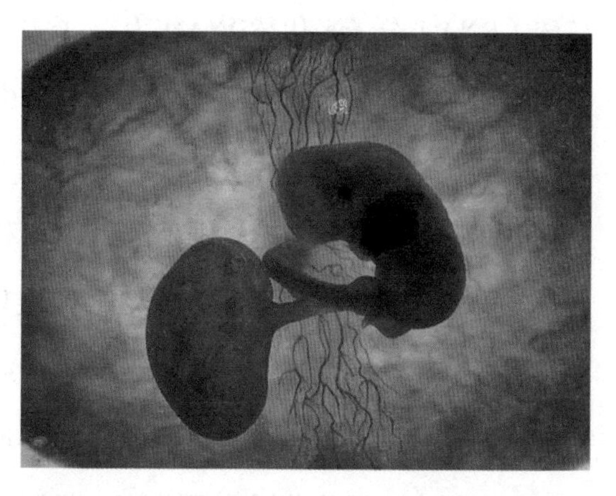

胚　胎

特·科夫曼合作将类似的“EC”细胞与老鼠胚胎进行分离。

马丁·埃文斯利用胚胎干细胞把特定基因改性引入实验鼠的原理，在干细胞研究方面成果卓著。基因的分子基础是脱氧核糖核酸（DNA）。DNA由核苷酸相互连接而形成的链分子，其中的核苷酸有四类：腺苷酸（A）、胞嘧啶（C）、鸟苷酸（G）和胸腺嘧啶（T）。遗传信息就储存在这些核苷酸序列中，而基因则以连续的核苷酸序列存在于DNA链中。病毒是唯一的例外，有一些病毒利用核糖核酸（RNA）分子来代替DNA作为它们的遗传物质。

（6）巴里·马歇尔

巴里·马歇尔，澳大利亚医师，2005年诺贝尔生理学及医学奖获得者，其科学成就是发现了导致胃炎和胃溃疡的细菌——幽门螺杆菌，而与罗宾·沃伦共同获得诺贝尔生理学及医学奖。马歇尔生于澳大利亚西部城市卡尔古利，曾任西澳大利亚大学临床微生物学教授。他的主要成就是证明了幽门螺旋杆菌是造成大多数胃溃疡和胃炎的原因，而以前的学说认为胃溃疡主要是由于压力、刺激性食物和胃酸过多所引起的。马歇尔教授于1974年在西澳大利亚大学获得医学本科学位。1981年在皇家佩思医院做内科医学研究生时遇到了罗宾·沃伦。他们一起研究了与胃炎一起出现的螺旋杆菌。1982年，他们做出了幽门螺旋杆菌的初始培养体，并发展了关于胃溃疡与胃癌是由幽门螺旋杆菌引起的假说。

（7）利兰·哈里森·哈特韦尔

利兰·哈里森·哈特韦尔，美国生理医学家，2001年诺贝尔生理学或医学奖获得者，其科学成就是发现了细胞周期的关键分子调节机制，而与英国科学家蒂莫西·亨特、英国科学家蒂保罗·纳斯，共同获得诺贝尔生理学及医学奖。哈特韦尔的贡献，一是提供了一系列控制细胞扩散的重要基因；二是他为了解这些基因如何合作以控制细胞分裂提供了一个逻辑框架。也就是说，他不但编制了基因目录，而且解释了基因是如何工作的。哈特韦尔的细胞周期生物学使他赢得了多项美国和国际科学奖。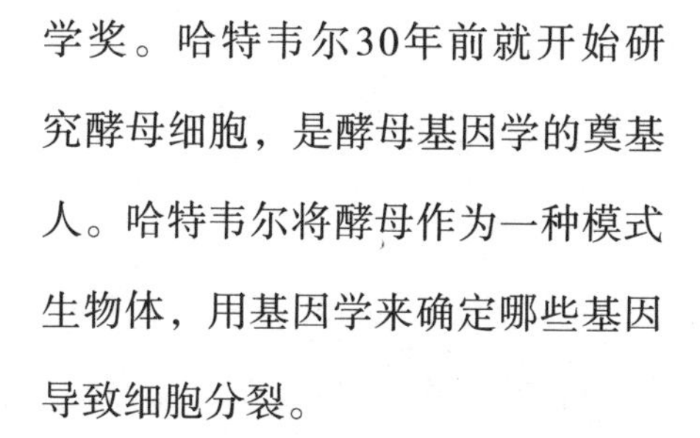哈特韦尔30年前就开始研究酵母细胞，是酵母基因学的奠基人。哈特韦尔将酵母作为一种模式生物体，用基因学来确定哪些基因导致细胞分裂。

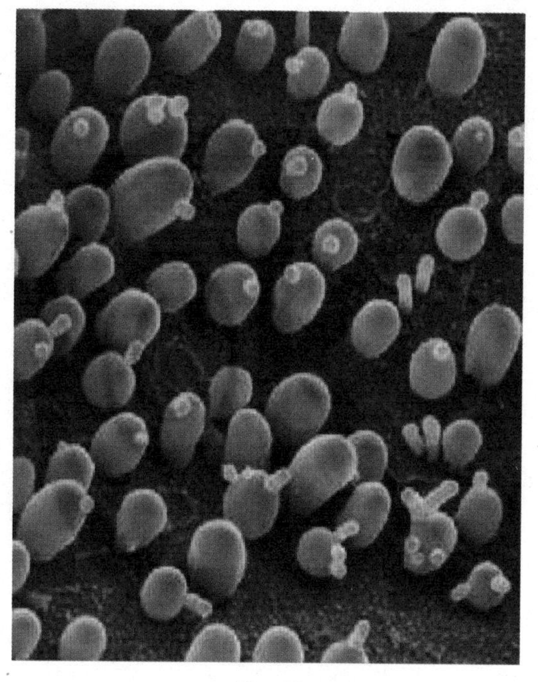
酵　母

（8）伊拉·梅契尼科夫

伊拉·梅契尼科夫，俄国科学家，1908年，诺贝尔生理学医学奖获得者，其科学成就是首先发现了吞噬细胞。1845年5月15日，伊拉·梅契尼科生于俄国的哈尔科夫。1864年，毕业于哈尔科夫大学。1868年，获圣彼得堡大学博士学位。1867—1869年，伊拉·梅契尼科在俄国敖德萨大学任教。1870—1882年，其任圣彼得堡大学教授。1882—1886年，在西西里的墨西拿工作。1886—1887年，伊拉·梅契尼科任敖德萨细菌学研究所所长。1888—1916年，任巴黎巴斯德研究所研究员。1895年后任巴黎巴斯德研究所所长。在微生物学与免疫学的发展史上，梅契尼科夫首先发现了吞噬细胞，并阐明了其在消灭入侵微生物上所扮演的角色，因而建立起免疫学的基础，也使他在免疫学发展历史上占有一席之地。主要著作有《1891年在巴斯德研究所的炎症比较病理学讲义》《传染病的免疫性》《生命的延续：乐观主义研究》《人的本性：乐观主义哲学研究》。1916年7月15日，伊拉·梅契尼科死于法国巴黎，享年71岁。

◆中国著名医学家

（1）张仲景

张仲景，东汉末年著名医学家，被称为医圣。他出生于一个没落的官僚家庭。其父张宗汉曾在朝为官。由于家庭条件的特殊，他从小就接触了许多典籍，为他后来成为一代名医奠定了基础。经过多年的刻苦钻研和临床实践，张仲景医名大振，终于成为中国医学史上一位杰出的医学家。

张仲景

张仲景广泛收集医方，写出了传世巨著《伤寒杂病论》。《伤寒杂病论》是集秦汉以来医药理论之大成，并广泛应用于医疗实践的专书，是我国医学史上影响最大的古典医著之一，也是我国第一部临床治疗学方

面的巨著。

《伤寒杂病论》的贡献，首先在于发展并确立了中医辨证论治的基本法则。张仲景把疾病发生、发展过程中所出现的各种症状，根据病邪入侵经络、脏腑的深浅程度、患者体质的强弱、正气的盛衰、以及病势的进退缓急和有无宿疾（其它旧病）等情况，加以综合分析，寻找发病的规律，以便确定不同情况下的治疗原则。他创造性地把外感热性病的所有症状，归纳为六个证候群（即六个层次）和八个辨证纲领，以六经（太阳、少阳、阳明、太阴、少阴、厥阴）来分析归纳疾病在发展过程中 的，演变和转归，以八纲（阴阳、表里、寒热、虚实）来辨别疾病的属性、病位、邪正消长和病态表现。由于确立了分析病情、认识证候及临床治疗的法度，因此辨证论治不仅为诊疗一切外感热病提出了纲领性的法则，同时也给中医临床各科找出了诊疗的规律，成为指导后世医家临床实践的基本准绳。

《伤寒杂病论》的体例以六经统病证，周详而实用。除介绍各种病证的典型特点外，还叙及一些非典型的症情。除了辨证论治的原理之外，张仲景还提出了辨证的灵活性，以应付一些较为特殊的情况。为医者理清临床上乱麻一般的复杂症情，提供了可供遵循的纲要性条例。

对于治则和方药，《伤寒杂病论》的贡献也十分突出。书中提出的治则以整体观念为指导，调整阴阳，扶正驱邪，还有汗、吐、下、和、温、清、消、补诸法。并在此基础上创立了一系列卓有成效的方剂。据统计，《伤寒论》载方113个，《金匮要略》载方262个，除去重复，两书实收方剂269个。尤其是该书对于后世方剂学的发展，

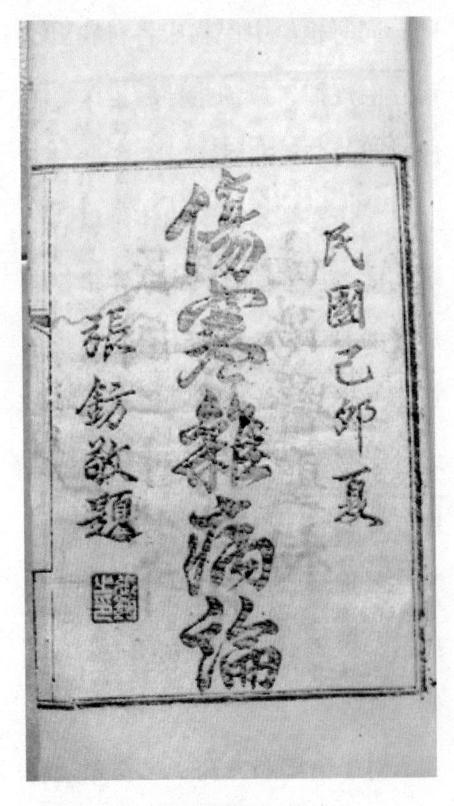

《伤寒杂病论》

诸如药物配伍及加减变化的原则等都有着深远影响，而且一直为后世医家所遵循。另在剂型上此书也勇于创新，其种类之多，已大大超过了汉代以前的各种方书。此外，对各种剂型的制法记载甚详，对汤剂的煎法、服法也交代颇细。

《伤寒杂病论》对针刺、灸烙、温熨、药摩、吹耳等治疗方法也有许多阐述。另对许多急救方法也有收集，如对自缢、食物中毒等的救治就颇有特色。其中对自缢的解救，很近似现代的人工呼吸法。

《伤寒杂病论》奠定了张仲景在中医史上的重要地位，成为后世从医者人人必读的重要医籍。张仲景也因对医学的杰出贡献被后人称为“医圣”。后该书流传海外，亦颇受国外医学界推崇，成为研读的重要典籍。此外，朝鲜、越南、印尼、新加坡、蒙古等国的医学发展也都不同程度地受到其影响及推动。目前，《伤寒论》和《金匮要略》仍是我国中医院校开设的主要基础课程之一。

（2）孙思邈

孙思邈，我国唐代伟大的医药学家、养生学家和思想家。他对古典医学有深刻的研究，对民间验方十分重视，一生致力于医学临床研究，对内、外、妇、儿、五官、针灸各科都很精通，有二十四项成果开创了我国医药学史上的先河，特别是论述医德思想、倡导妇科、儿科、针灸穴位等都是先人未有的。孙思邈一生致力于药物研究，边行医，边采集中药，边临床试验，他是继张仲景之后我国第一个全面系统研究中医药的先驱者。孙思邈一生著书八十多种，其中以《千金要方》影响最大。

孙思邈

《千金要方》是一部综合性临床医著，全称《备急千金要方》，简称《千金要方》或《千金方》，30卷。该书第一卷为总论，内容包括医德、本草、制药等；再后则以临床各科辨证施治为主，计妇科2卷，儿科1卷，五官科1卷，内科15卷（内中10卷按脏腑分述），外科3卷；另有解毒急救2卷，食治养生2卷，脉学1卷及针灸2卷。共计233门，方论5300首。《千金要方》首篇所列的《大医精诚》《大医习业》，是中医伦理学的基础；其妇、儿科专卷的论述，奠定了宋代妇、儿科独立的基础；其治内科病提倡以脏腑寒热虚实为纲，与现代医学按系统分类有相似之处，其中

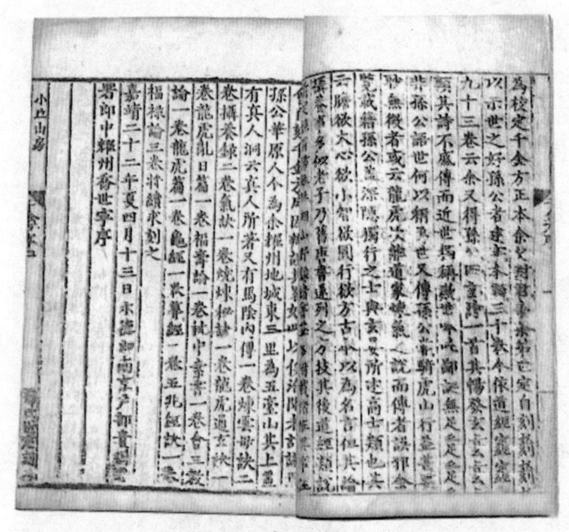
福祿論三卷將續求刻之
署郎中鄭州喬世寧序

《千金要方》

以及对附骨疽（骨关节结核）好发部位的描述、消渴（糖尿病）与痈疽关系的记载，均显示了很高的认识水平；针灸孔穴主治的论述，为针灸治疗提供了准绳，阿是穴的选用、“同身寸”的提倡，对针灸取穴的准确性颇有帮助。因此，《千金要方》将飞尸鬼疰（类似肺结核病）归入肺脏证治，提出霍乱因饮食而起，素为后世医学家所重视。

第七章
地理学

中国古代有许多的地理书籍，其中最早的有《尚书·禹贡》和《山海经》等。古代的地理学主要研究关于地球形状、大小有关的测量方法，或对已知的地区和国家进行描述。在西方，公元前2世纪，古希腊学者埃拉托色尼第一次合成了geographica（geo+graphica）这个术语，意思是“地理”或“大地的记述”，并写出了《地理学》一书，这是西方第一本以“地理”命名的专著。

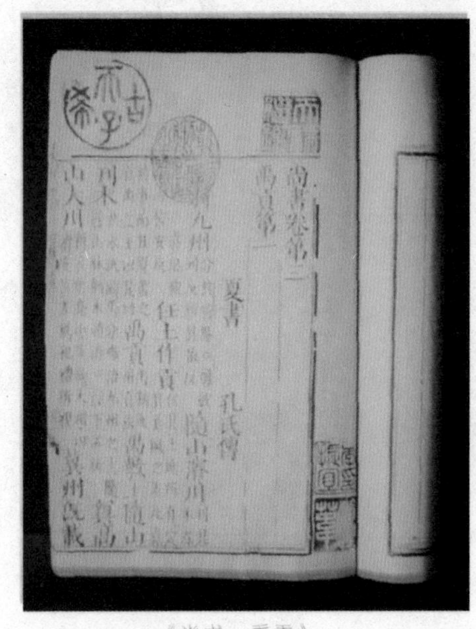
尚書卷第二

禹貢第一　　夏書　　孔氏傳

隨山濬川　任土作貢

《尚书·禹贡》

简单来说，地理学就是研究人与地理环境关系的学科，研究地理的目的是为了更好的开发和保护地球表面的自然资源，协调自然与人类的关系。地理学没有公认的分类体系。西方学者把地理学分为自然地理学和人文地理学两部分，或分为自然地理学、经济地理学和人文地理学三部分，下面再分次级分支学科。地理学研究的是地球表面这个同人类息息相关的地理环境，地理学者曾用地理壳、景观壳、地球表层等术语称呼地球表面。地理学不限于研究地球表面的各个要素，更重要的是把它作为统一的整体，综合地研究其组成要素及它们的空间组合。地理学的综合性研究分为不同的层次，层次不同，综合的复杂程度也不同。高层次的综合研究，即人地相关性的研究，是地理学所特有的。在这一章里，我们就来一起谈一下地理学的相关知识。

地理学概述

地球是人类的家，人类一直都十分关心自己赖以生存和发展的地球表面的状况，从而萌生出各种地理概念。随着人类社会的发展，地理知识的积累，一门研究自然界和人与自然界关系的科学逐渐形成

地　球

了，这就是地理学。地理学主要分为自然地理和人文地理。

地理学是一门古老的研究课题，曾被称为科学之母。古代的地理学主要探索关于地球形状、大小有关的测量方法，或对已知的区域和国家进行描述。传统上，地理学在描述不同地区及居民间的情形时，就和历史学密切联系。在确定地球的大小和地区的位置时，就和天文学及哲学有联系。以往的地理学仅指地球的绘图与勘查，可如今的地理学已成为一门范围广泛的学科。地球表面各种现象的任何空间变化类型都受到影响自然界和人类生活的许多因素的制约，因而地理学家必须熟悉生物学、社会学及地学等学科。许多现象是由其他学科的专家研究的，但地理学家的特殊任务是调查研究其分布模式、地域配合、联结各组成部分的网络，以及其相互作用的过程。

地理学可分为自然地理学、人文地理学和地理信息系统三个分支。自然地理学主要研究地貌、土壤等地球表层自然现象和自然灾害，土地利用与覆盖以及生态环境与地理之间的关系。人文地理学包括历史地理学、文化与社会地理学、人口地理学、政治地理学、经济地理学（包括对农业、工业、贸易和运输的研究）和城市地理学。地理信息系统则是计算机技术与现代地理学相结合的产物，采用计算机建模和模拟技术实现地理环境与过程的虚拟，以便于对地理现象直观科学的分析，并提供决策依据。

地理学发展简史

地理学这门学科即古老又年轻，在其发展过程中，主要经历了古代地理学、近代地理学和现代地理学三个阶段。

◆古代地理学时期

从远古至18世纪末是古代地理学时期，这一时期的地理学研究主要以描述性记载地理知识为主，而且这些记载多是片断性的，缺乏理论体系，地理学内部尚未出现学科分化，各国的地理学基本上是在本国封闭的条件下发展起来的。早期的地理学研究以中国和古希腊的成果最显著，中国的《尚书·禹贡》《管子·地员》《山海经》《水经注》等著作，都是世界上较早的地

达伽马

理学史料。到了后期，欧洲的地理大发现涌现出了哥伦布、达伽马、麦哲伦等地理探险家，他们的发现极大的推动了地理学的发展。

◆近代地理学时期

从19世纪初到20世纪50年代，是近代地理学时期。德国洪堡德的《宇宙》和李特尔的《地学通论》两书的问世是近代地理学形成的标志。近代地理学是产业革命的产物，是随着工业社会的发展而日渐成熟的。这一时期，各种学说分起、学派林立。地理学的各部门学科几乎都在这个时期出现和建立。因此，近代地理学时期也是部门地理学蓬勃发展的时期。洪堡德为自然地理学、植物地理学奠定了基础，以后德国的李希霍芬、法国的德马东为自然地理学的发展作出了重要的贡献；美国的戴维斯和德国的彭克分别创立了侵蚀轮回学说和山坡平行后退理论，标志着地貌学的建立；奥地利沃汉恩的《气候学手册》、俄国沃耶伊科夫的《全球气候及俄国气候》、德国柯本的世界气候分类，为气候学奠定了基础；英国的华莱士对世界动物区划分为动物地理学奠定了基础；俄国道库恰耶夫的土壤地带学说为土壤地理学奠定了基础；李特尔和德国的拉采尔建立了人文地理学等。

◆现代地理学时期

从20世纪60年代至今是现代地理学时期。现代地理学研究是现代科学技术革命的产物，是随着科学技术的进步而发展的。地理数量方法、理论地理学的诞生和计算机制图、地理信息系统、卫星等应用的出现是现代地理学的显著标志。现代地理学强调地理的统一性、理论化、数量化、行为化和生态化。

随着科学技术的进步、各国各

卫　星

地区经济开发和建设以及环境管理和保护的需要，地理学将成为一门有坚实的理论基础、应用理论的基础性学科，也是一门与生产实际紧密联系的应用性学科，学科的内容和结构也将发生变化。地理学中方法性学科和技术性学科——地理数量方法、地图学等，将率先获得较多的发展；综合性分支学科、应用性分支学科，如综合自然地理学、城市地理学、旅游地理学、医学地理学、行为地理学、资源地理学、人口地理学等将有较快的发展；地理学中研究人文的趋势将会加强，人文地理学在地理学中的比重将会增大。

中学地理知识趣味记忆方法（一）

1. 比喻记忆法：把所要记忆的地理知识与人们熟知的相关知识联系起来完成记忆的方法。科学、准确的比喻记忆能够使抽象的内容具体化、枯燥的内容趣味化、复杂的内容简单化。例如：记忆气压带、风带的季节移动时，可比喻为燕子的季节迁徙。记忆太阳系八大行星中卫星数最多的行星——土星时，可以将其比作土霸王。

2. 字头记忆法：是指把一系列地理事物的字头串联起来来完成记忆的方法。例如：记忆八大行星距日远近时，可以这样记忆：水金地、火木土、天海。

3. 谐音记忆法：是指把需要记忆的地理知识通过谐音组合到一块，然后联想创造出一种意境的记忆方法。如黑色金属主要包括铁、铬、锰等，可以采用“铁哥们”作谐音记忆。又如记忆草场资源丰富的国家时，可以这样：俄（我）新（心）中美澳，阿蒙（门）。

地理学分支

◆自然地理学

自然地理学的研究对象是自然地理环境，包括只受到人类间接或轻微影响而原有自然面貌未发生明显变化的天然环境和长期受到人类直接影响而使原有自然面貌发生重大变化的人为环境。

自然地理环境指地球表面具有一定厚度的圈层，即岩石圈、水圈、大气圈、生物圈相互作用、相互渗透的区间内的一个特殊圈层。它是在太阳辐射能、地球内能和生物能作用下形成的，比地球的其他圈层的特征要复杂得多。在这里各种固体、液体、气体状态的物质同时稳定地存在并且相互渗透。太阳辐射能被吸

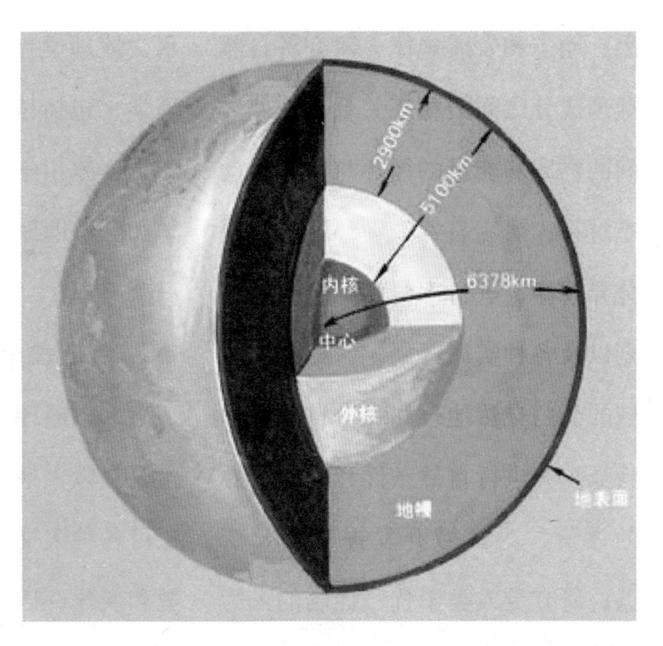

大气圈

收、转化和储存，并出现了太阳辐射能与地球内能激发作用的相互影响。只有在地球的这一部分才具有生物产生和繁衍的条件，并成为生物圈进一步发展的强大因素，人类出现后，又成为人类生活和生产活动的环境。

自然地理学的研究内容主要有以下几个方面：研究各自然地理成分（地貌、气候、水文、土壤、植被和动物界等）的特征、结构、成因、动态和发展规律；研究各自然地理成分之间的相互关系，彼此之间的物质和能量的循环与转化的动态过程；研究自然地理环境的地域分异规律，进行部门和综合自然区划以及各种实用区划；研究各个区域的部门自然地理和综合自然地理特征，并进行自然条件和自然资源的评价，为区域开发提供科学依据；研究受人类干扰、控制的人为环境的变化特点、发展趋势、存在的问题，寻求合理利用的途径和整治措施。

随着自然地理学的发展，自然地理学开始与许多自然科学发生联系，并形成了众多的分支学科。从研究的特点来看，自然地理学还可以分为综合性的和部门性的两组分支学科。综合性的分支学科有综合自然地理学、区域自然地理学、古地理学和历史自然地理学等。部门性的分支学科有地貌学、气候学、水文地理学、土壤地理学、生物地理学（包括植物地理学、动物地理学）、冰川学、冻土学、化学地理学和医学地理学等。

◆人文地理学

人文地理学又称人生地理学，主要是以人地关系的理论为基础，探讨各种人文现象的地理分布、扩散和变化，以及人类社会活动的地域结构的形成和发展规律的一门学

科，它是地理学的两个主要分支学科之一。按研究对象可分为社会文化地理学、经济地理学、政治地理学、城市地理学等分支。

（1）经济地理学

经济地理学主要研究人类生产和生活资料的生产、流通和消费分配等人类经济活动的地域分布和空间组织。近代地理大发现后，人类的商业活动空前繁荣，产生了经济地理学的前身——商业地理学。19世纪后半叶，地理学者开始在自然地理基础上探讨经济生产活动和地理环境的关系。经济地理学研究扩展为包括农业地理学、工业地理学、交通运输地理学和商业地理学

冰　川

等领域。传统的经济地理学关心各种资源、生产及商业的分布同自然环境的关系，以生产布局、区位分析为研究的核心。现代经济地理学的研究开始注意社会结构、政府决策以及人们的行为决策对经济布局的影响，并出现了国土经济学，重视国土整治问题。

（2）政治地理学

政治地理学主要研究国家的领土疆界、首都、行政区划等政治现象，国际政治关系的格局及其发展变化，为国家的政治决策、国际事务等工作提供依据。古代所有主要区域地理著作中，政治地理的内容都是其重要的组成部分，着重记述国家疆域、边界、首都、行政区划、人口、民族、城市、交通以及与邻国的敌友关系等有关政治现象及其发展变化的过程。1897年，拉采尔发表《政治地理学》，第一次把政治地理学作为地理学的一个分支进行研究。他还提出了国家有机体学说，以及政治地理学的空间和区位分析因素。瑞典的谢伦进一步发展了国家有机说，并提出了地缘政治学这个名称。以后麦金德提出了陆心说，斯皮克曼提出陆缘说。他们的政治地理学论述，在不同时期的国际问题讨论和国际形势决策中，起过相当重要的作用。现代分析技术及模式的应用，使地理学者得以测定各类各级政治区域的效率和效果，并开始研究政治行为和政府决策的地理背景。

（3）社会文化地理学

社会文化地理学是人文地理学的分支学科。社会地理学分析空间中的社会现象，研究各种社会类型的区域分布并分析比较它们之间的相互关系。研究内容包括人口、聚落、民族、宗教、语言、行为和感应等方面的地理问题，并致力于解决社会问题。而文化地理学则主要

是从人类文化的空间组合的角度，解释各种文化要素如何使不同地区具有各种区域特征，研究对象和内容与社会地理学有许多相同之处。但前者主旨是研究人类不同社会集团的地域特征及其与环境的关系，后者则是研究人类创造的文化地域。有些学者将社会地理学和文化地理学的内容合称为社会文化地理学。

（4）城市地理学

城市地理学是研究城市（镇）的形成、发展、空间结构和分布规律的学科。现代世界城市人口比重

城镇远景

越来越高，城市规模越来越大，城市地理学也随之发展迅速。城市地理学的内容的核心是从区域的空间组织和城市内部的空间组织两种地域系统，考察城镇的空间组织。围绕这两种地域系统，具体有：城市化研究、城市职能研究、城市分类研究、城市体系研究、城市形态研究、城市群和大城市集群区研究、城市地域结构研究、城市土地利用研究、城市生态系统研究、城市综合地理研究等内容。此外，在城市地理研究内容中，还包含从国土规划和城市规划角度提出的课题。

◆历史地理学

历史地理学是研究历史时期地理环境及其演变规律的学科，它是地理学的年轻分支学科，又与传统的沿革地理研究有密切关系。沿革地理主要研究历代政区和疆域的变迁，在中国已有悠久的历史，内容十分丰富，在西方也有类似的研究。

◆区域地理学

区域地理学是研究地球表面某一区域地理环境的形成、结构、特征和演化过程，以及区域分异规律的学科，是地理学的重要组成部分。现代区域地理学强调自然地理和人文地理的统一，注重研究区域自然地理要素和人文地理要素的区域综合和空间联系。

◆地图学

地图学是研究编制和应用地图的理论、方法和技术的学科，是一门以地图的形式来综合表达某一地区的自然地理和人文地理知识的学科。它是地理学中的技术性学科，同地理学各分支学科都有密切的联系，在促进地理学的发展和实际应

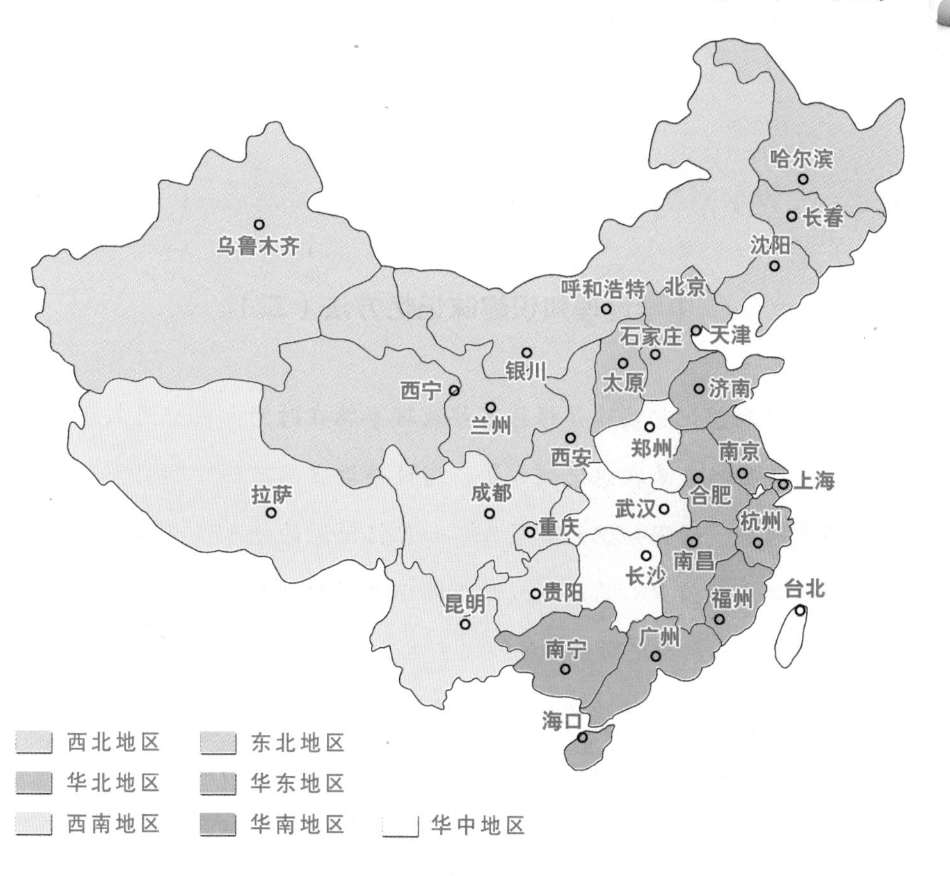

中国政区图

用中历来起着重要的作用。

◆理论地理学

理论地理学是研究各类地理现象在统一性的基础上所遵循的总体规律的学科。其研究内容主要包括空间结构论、人地关系论和区位论等。

◆应用地理学

应用地理学是运用地理学的理论、原则和方法解决实际的社会、经济和环境问题的学科。

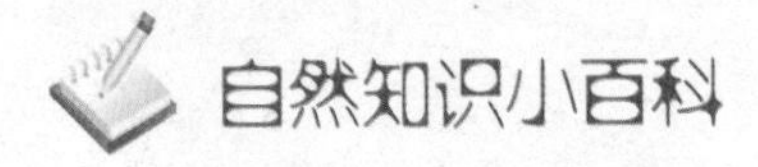

中学地理知识趣味记忆方法（二）

4. 接近联想记忆法：是根据有些地理事物在时间上或空间上有所接近之处而建立起来的联想记忆方法。通过接近联想有助于我们将新、旧知识联系起来，增强知识的凝聚力。如记忆洋流的分布规律时，在中低纬形成以副热带为中心的反气旋型大洋环流，想到北半球的反气旋是顺时针方向流动，东西风向如何就一目了然了。

5. 类似联想记忆法：是根据地理事物之间在性质、成因、规律等方面有类似之处而建立起来的记忆方法。如里海与日本的面积大约都为37万平方千米。又如温带季风气候区和温带海洋气候区内的自然带均为温带落叶阔叶林带。

6. 对比联想记忆法：是指根据地理事物之间具有明显对立性特点加以联想的记忆方法。通过对比联想，有助于我们比较地理事物的差异性，掌握各自的特性，增强记忆。如气旋和反气旋是大气中最常见的运动形式，其气压分布状况、气流状况、天气状况都相反，学习时，只需精记一种即可。

著名地理学家及成就

◆国外著名地理学家及成就

（1）克罗狄斯·托勒密

克罗狄斯·托勒密，古希腊地理学家，天文学家，数学家。一生著述甚多。其地理学著作《地理学指南》（8卷）主要论述地球的形状、大小、经纬度的测定，以及地图的投影方法，是古希腊有关数理地理知识的总结。书中附有27幅世界地图和26幅区域图，后人称之为托勒密地图。

在托勒密时代，地理学家已经把喜恰帕斯画的南北走向的线叫做经线，把与赤道平行的线叫做纬线。托勒密也把地球分成360度，他还将每一度分成60分，每一分分成60秒。他发展了弦的体系，通过将其展现在平面上，让人们对分和秒有更加直观的概念。托勒密的这一体系使地图绘制者能够精确地确定物体在地球上的位置，并沿用至今。在《地理学》的前言中，托勒密将地图绘制分成两种。地区图编制着眼于小区域地图的绘制，例如村庄、城镇、农场、河流以及街道。地理学意义上的绘图更加关注大范围的地表现象，例如山脉、大江、大湖以及大城市。绘制这样的地图，需要借助天文学以及数学方面的知识，从而达到准确无误。

（2）亚历山大·冯·洪堡

亚历山大·冯·洪堡，德国科学家，与李特尔同为近代地理学的主要创建人。生于德国柏林，亦逝

经纬线

于德国柏林。洪堡是19世纪的科学界中最杰出的人物之一。他走遍了西欧、北亚和南、北美洲。具有我国明末徐霞客不惮艰险跋涉山川的好奇心，同时又具有广泛的学识。他所涉猎的科目非常广泛，包括天文、地理、生物、矿石等。并且对每个所以涉猎的领域又有所贡献，所以他常被称为气象学、地貌学、火山学和植物地理学的创始人之一。

洪堡的主要贡献有：首创等温线、等压线概念，绘出世界等温线图，指出气候不仅受纬度影响，而与海拔高度、离海远近、风向等因素有关；研究了气候带分布、温度垂直递减率、大陆东西岸的温度差异性、大陆性和海洋性气候、地形对气候的形成作用；发现植物分布的水平分异和垂直分异性，论述气

候同植物分布的水平分异和垂直分异的关系，得出植物形态随高度而变化的结论；根据植被景观的不同，将世界分成都市16个区，确立了植物区系的概念，创建了植物地理学；首次绘制地形剖面图，进行地质、地理研究；指出火山分布与地下裂隙的关系；认识到地层愈深温度愈高的现象；发现美洲、欧洲、亚洲在地质上的相似性；根据地磁测量得出地磁强度从极地向赤道递减的规律；根据海水物理性质的研究，用图解法说明洋流；发现秘鲁寒流（又名洪堡寒流）。此外，还促进了沸点高度计的发明和山地测量学的发展。

1808—1827年，洪堡与邦普朗用近20年时间写成30卷的《新大陆热带地区旅行记》，是近代地理学最为重要的著作，晚年写成《宇宙：物质世界概要》，还有《植物地理学论文集》和《中央亚细亚》等。洪堡的科学成就和著作推动了近代自然科学的发展，在世界上产生了很大影响。为纪念洪堡，德国建有洪堡基金会，资助世界各国的自然科学研究。五卷本的《宇宙》，是他描述地球自然地理的尝试。

（3）李特尔

李特尔，德国地理学家，近代地理学创建人之一。1779年生于奎德林堡，卒于柏林。曾任法兰克福大学、柏林大学教授。李特尔是德

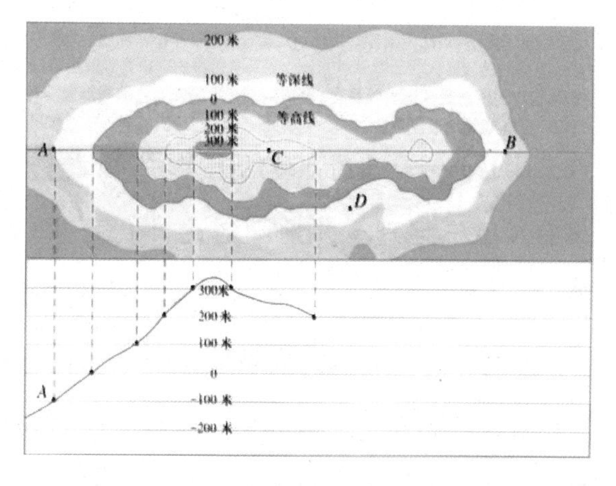

地形剖面图

国第一个地理学讲座教授和柏林地理学会创建人，且最早阐述了人地关系和地理学的综合性、统一性，奠定了人文地理学的基础。李特尔认为地理学是一门经验科学，人是整个地理研究的核心和顶点，创用“地学”一词。他主张地理学和历史学结合，坚持目的论的哲学观

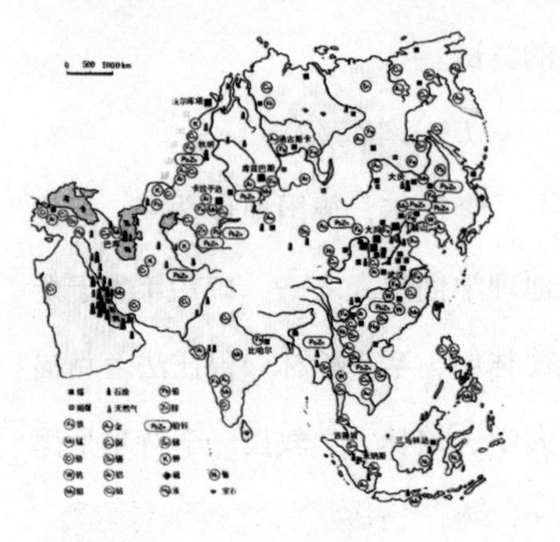

亚洲主要矿藏图

点，认为上帝是建造地球的主宰。著有《欧洲地理》《地学通论》等。

李特尔的主要研究成果是1817年出版的第一卷《地球学》。该书探讨了地球上被人了解最少的那一部分——非洲黑暗大陆。1832年，他又着手写他的《地球学》，在逝世前已写成19卷，其中大部分是关于亚洲的。李特尔用的是归纳方法，同时他拒不接受先验的理论。他认为地理学是一门经验的和描述的科学。他说，地理学研究地方的条件，它包括一个地方在地域、形态、物质等特点方面的属性。第一个属性指的是地球表面的自然区划，研究它，是为了按佩斯塔洛齐的原则去进行讲授。第二个属性包括水、海、大气的分布和运动，它们是人类生活的基础。第三个属性是物质条件，是自然历史的地理外貌，它包括矿藏、植物、动物的分布。

（4）阿·彭克

阿·彭克，地理学家兼地质学家，1859年生于莱比锡，卒于1945年。1879年毕业于莱比锡大学地质系，1883年任慕尼黑大学讲师。

1885年受聘为维也纳大学自然地理学教授，1906年任柏林大学教授。

阿·彭克是近代地理学史上系统自然地理研究最出色的人。他第一个采用地貌学一词来论述地球形态的起因，创立了气候地貌学、第四纪冰川地层学。在巴伐利亚阿尔卑斯山考察时，他证实了第四纪冰期，这一发现奠定了第四纪学基本理论框架。彭克以其卓越的科学成就，27 岁就任维也纳大学教授。1891年，在瑞士召开的伯尔尼国际地理学会上，彭克首倡，国际协作编绘世界百万分之一地图。1913年、1953 年和1962年就彭克的建议和实施召开了多次国际会议。尽管彭克的建议由于世界各国政治、经济、技术等方面的原因没有完全实现，但直到今天彭克的建议仍然不失其重要性，得到世界有识之士的响应和很多国家的重视。彭克的成就是多方面的，他还著有《地球表面形态学》一书，在气候分类学、区域生态学、政治地理学等方面也做出了不少贡献。

（5）拉采尔

拉采尔，德国地理学家，人类学家，近代人文地理学奠基人之一。1844年8月30日，拉特尔出生于巴登-符腾堡州的卡尔斯鲁厄，1904年8月9日卒于下萨克森州的阿默尔兰县。他一生致力于研究人类迁移、文化借鉴和人地关系，对人文地理学有系统论述。

拉采尔本来是学动物学、地质学和比较解剖学的，达尔文的进化论使他激动，并将其引入地理学方面来。他考察了日耳曼人在美国中西部的成就，也考察了印第安人、印度人、非洲人、中国人的情况，划分了进取扩张型的人类集团和退缩型的人类集团的不同地理类型。他提出了“生存空间”和“国家有机体”的社会达尔文主义的概念，

印第安人

认为不同的民族和国家要有相应的“生存空间”，而且国家分少年、青年、中年和老年等不同阶段。拉采尔曾任莱比锡大学教授，著有《人类地理学》《政治地理学》《人类的历史》《比较地理学》《美国政治地理》等书。此外，拉采尔“文化景观”的思想，关于位置、形状、大小的领域论思想，特别是中心和周围关系的“位置论”思想，对后世的文化地理研究、中心地研究有一定的启发意义。

自然知识小百科

中学地理知识趣味记忆方法（三）

7. 从属联想记忆法：是根据地理事物之间因果、从属、并列等关系增强知识凝聚的联想记忆方法。如因果关系：地理自转→地转偏向力→盛行风向→洋流的流向；从属关系：总星系→银河系→太阳系→地月系；并列关系：风化作用→侵蚀作用→搬运作用→沉积作用→固结成岩作用。

8. 聚散联想记忆法：是指运用聚合思维对一定数量的知识通过联想，按照一定的规律组合到一起或运用发散思维对同一地理知识，从多方面进行联系的记忆方法。包括聚合联想记忆法和发散联想记忆法，互为逆过程。

9. 形象联想记忆法：是把所需要记忆的材料同某种具体的事物、数字、字母、汉字或几何图形等联系起来，借助形象思维加以记忆。如新疆的地形特征可与新疆的“疆”的右半部分联系起来，“三横”表示三山即阿尔泰山、天山和昆仑山：“两田”表示两大盆地即准噶尔盆地和塔里木盆地。

10. 奇特联想记忆法：是指利用一些离奇古怪的联想方法，把零散的地理知识串到一块在大脑中形成一连串物象的记忆方法。如柴达木盆地中有矿区和铁路，记忆时可编成“冷湖向东把鱼打（卡），打柴（大柴旦）南去锡山（锡铁山）下，挥汗（察尔汗）砍得格尔木，火车运送到茶卡。”

◆中国著名地理学家及成就

（1）徐霞客

徐霞客，名弘祖，字振之，号霞客，明南直隶江阴（今江苏江阴市）人。伟大的地理学家和旅行家和探险家。明末，徐霞经30多年旅行，写有天台山、雁荡山、黄山、庐山等名山游记17篇和《浙游日记》《江右游日记》《楚游日记》《粤西游日记》《黔游日记》《滇游日记》等著作，除佚散者外，遗有60余万字游记资料。死后由他人整理成《徐霞客游记》。世传本有10卷、12卷、20卷等数种，在地理

石灰岩

学和文学上卓有成就。

徐霞客对许多河流的水道源进行了探索，通过亲身的考察，以无可辩驳的事实材料，论证了金沙江是长江的正源，否定了被人们奉为经典的《禹贡》中关于“岷山导江”的说法。同时，他还辨明了左江、右江、大盈江、澜沧江等许多水道的源流，纠正了《大明一统志》中有关这些水道记载的混乱和错误。徐霞客还是世界上对石灰岩地貌进行科学考察的先驱，他在湖南、广西、贵州和云南作了详细的考察，对各地不同的石灰岩地貌作了详细的描述、记载和研究。他还考察了100多个石灰岩洞。徐霞客去世后的100多年，欧洲人才开始考察石灰岩地貌。

徐霞客在地理科学上的贡献很多。除上述所说，他对火山、温泉等地热现象也都有考察研究，对气候的变化，对植物因地势高度不同而变化等自然现象，都作了认真的描述和考察。此外，他对农业、手工业、交通的状况，对各地的名胜古迹演变和少数民族的风土人情，也都有生动的描述和记载。

此外，在记游的同时，徐霞客还常常兼及当时各地的居民生活、风俗人情、少数民族的聚落分布、土司之间的战争兼并等情事，多为正史稗官所不载，具有一定历史

学、民族学价值。他的记有文字被后人誉为“世间真文字、大文字、奇文字”。

（2）郦道元

郦道元，字善长，北魏范阳郡涿县（今河北省涿州市）人，北魏平东将军、青州刺史、永宁侯郦范之子，我国著名地理学家、文学家。郦道元一生著述很多，除《水经注》外，还有《本志》13篇以及《七聘》等著作，但是，流传下来只有《水经注》一种。

郦道元从少年时代起就爱好游览。做官以后，更是到过许多地方，每到一个地方，都要游览当地名胜古迹，留心勘察水流地势，探溯源头，并且在余暇时间阅读了大量地理方面的著作，逐渐积累了丰富的地理学知识。他一生对我国的自然、地理作了大量的调查、考证和研究工作，并且撰写了地理巨著——《水经注》，为我国古代的地理科学做出了重大的贡献。

《水经注》共四十卷，原书宋朝已佚五卷，今本仍作四十卷，是经后人改编而成的。《水经注》共30多万字，是当时一部空前的地理学巨著。它名义上是注释《水经》，实际上是在《水经》基础上的再创作。全书记述了1252条河流，及有关的历史遗迹、人物掌故、神话传说等，比原著增加了近千条，文字增加了20多倍，内容比

郦道元

《水经》原著要丰富得多。《水经注》是我国最全面、最系统的综合性地理著作。该书还记录了不少碑刻墨迹和渔歌民谣，文笔绚烂，语言清丽，具有较高的文学价值。

《水经注》在写作体例上，不同于《禹贡》和《汉书·地理志》。它以水道为纲，详细记述各地的地理概况，开创了古代综合地理著作的一种新形式。《水经注》涉及的范围十分广泛。从地域上讲，郦道元抓住河流水道这一自然现象，对全国地理情况作了详细记载。不仅是这样，书中还谈到了一些外国河流，说明作者对于国外地理也是注意的。从内容上讲，书中不仅详述了每条河流的水文情况，而且把每条河流流域内的其他自然现象如地质、地貌、土壤、气候、物产民俗、城邑兴衰、历史古迹以及神话传说等综合起来，做了全面描述。因此《水经注》是六世纪前我国第一部全面、系统的综合性地理著述。对于研究我国古代历史和地理具有重要的参考价值。《水经注》不仅是一部具有重大科学价值的地理巨著，而且也是一部颇具特色的山水游记。

（3）裴　秀

西晋时，中国出现了一位著名的地理学家、制图理论家裴秀。李约瑟称他为“中国科学制图学之父”，与欧洲古希腊著名地图学家托勒密齐名。可以说，他们是世界古代地图学史上东西辉映的两颗灿烂明星。

裴秀（223—271年），字季彦，河东闻喜（今山西闻喜县）人。自幼好学，知识渊博。出身官僚世家，官至司空。因此得以接触到不少的地理和地图资料。由于才华出众，裴秀在青少年时代就受到社会知名人士的赞赏。

春秋战国时期地图已广泛用于

战争和国家管理，秦汉以后损失严重。出于政治和军事需要，裴秀立意制作新图。他领导和组织编制成《禹贡地域图》18篇，这是中国和全世界见于文字记载的最早历史地图集。为了便于应用，他还将一幅篇幅过大（用娟八十匹绘制）的《天下大图》缩制成以寸为百里（比例尺1：1 800 000）的《地形方丈图》，图上载有名山都邑，为军政管理提供了科学依据。

裴　秀

裴秀在地图学上的主要贡献，在于他第一次明确建立了中国古代地图的绘制理论。他总结我国古代地图绘制的经验，在《禹贡地域图》序中提出了著名的具有划时代意义的制图理论——“制图六体”。所谓“制图六体”就是绘制地图时必须遵守的六项原则，即：即分率（比例尺）、准望（方位）、道里（距离）、高下（地势起伏）、方邪（倾斜角度）、迂直（河流、道路的曲直），前三条讲的是比例尺、方位和路程距离，是最主要的普遍的绘图原则；后三条是因地形起伏变化而须考虑的问题。这六项原则是互相联系，互相制约的，它把制图学中的主要问题都接触到了。这是他对中国地图学作出的巨大贡献，是中国古代唯一的系统制图理论。直至今天，地图绘制考虑的主要问题除经纬线和投影外，裴秀几乎都扼要地提到了。

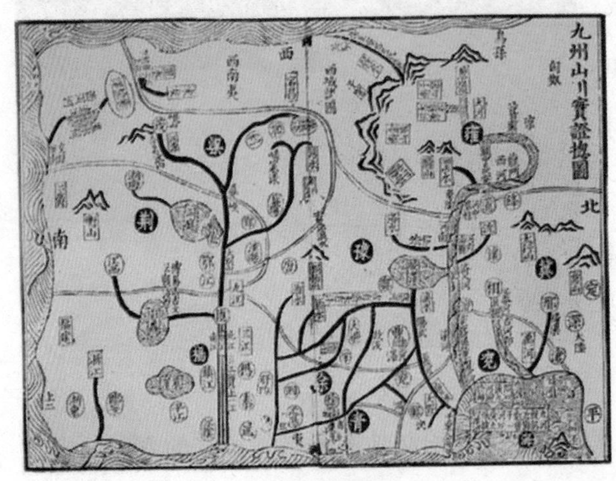

《禹贡地域图》

裴秀提出的这些制图原则，是绘制平面地图的基本科学理论，为编制地图奠定了科学的基础，它一直影响着清代以前中国传统的制图学，在中国地图学的发展史上具有划时代的意义，在世界地图学史上占有重要地位。

（4）竺可桢

1890年3月7日，竺可桢出生于浙江上虞，是毕生为国“求是”的气象事业开拓者。竺可桢对中国气候的形成、特点、区划及变迁等，对地理学和自然科学史都有深刻的研究。他一生在气象学、气候学、地理学、物候学、自然科学史等方面的造诣很深，而物候学也是他呕心沥血作出了重要贡献的领域之一。我国现代物候学的每一个成就都是和他的工作分不开的。他始终从科学的视角，关注着中国的人口、资源、环境问题，是“可持续发展”的先觉先行者。

在气象科学研究中，竺可桢一向十分重视气象气候与生产及人类生活的联系。早在1922年，他就发表过《气象学与农业之关系》的学术论文。1964年他又发表了《中

国气候特点及其粮食作物生产的关系》，他运用植物学的原理，以太阳辐射总量、温度、雨量三个气候要素为依据，分析了我国气候的特点，气候与农作物生产的关系，论述了我国粮食作物在各地区发展的潜力及限度，为改革栽培制度提出了方向性的意见。这篇论文，受到学术界的高度重视。

竺可桢

竺可桢又是我国物候学研究的创始者。他从1921年起就观察记录物候。1963年和宛敏渭合著《物候学》出版。内容丰富，文字通俗，普及了物候学知识。他还提倡因地制宜，利用物候规律安排农事活动。

竺可桢也是我国现代物候学发展的推动者，物候学是他呕心沥血作出了重要贡献的领域之一。我国现代物候学的每一成就都是和他的工作分不开的。他是我国现代物候观测网的倡导者和组织者。他还带头撰写物候专著，普及物候知识。1963年出版、1973年增订重印的《物候学》一书，是竺可桢多年研究物候的结晶。他结合我国的实际，系统地介绍了物候学的基本原理、我国古代的物候知识、世界各国物候学的发展、物候学的基本定律、利用物候预告农时的方法等。

竺可桢论著很多，主要有：《中国之雨量及风暴说》《历史时代世界气候的波动》《远东台风的

新分类》《关于台风眼的若干新事实》《台风的源地与转向》《南宋时代我国气候之揣测》《中国历史上气候的变迁》《中国气候区域论》《中国气候之运行》《东南季风与中国之雨量》《中国气候概论》《前清北京之气象记录》《物候学》《中国的亚热带》《论我国气候的几个特点及其与粮食作物生产的关系》。

第八章 地质学

地质主要是指地球的物质组成、结构、构造、发育历史等，包括地球的圈层分异、物理性质、化学性质、岩石性质、矿物成分、岩层和岩体的产出状态、接触关系，地球的构造发育史、生物进化史、气候变迁史，以及矿产资源的赋存状况和分布规律等。在我国，“地质”一词最早见于三国时魏国王弼的《周易注·坤》，但当时属于哲学概念。1853年出版的《地理全书》中的“地质”一词是我国目前所能见到的最早具有科学意义的概念。

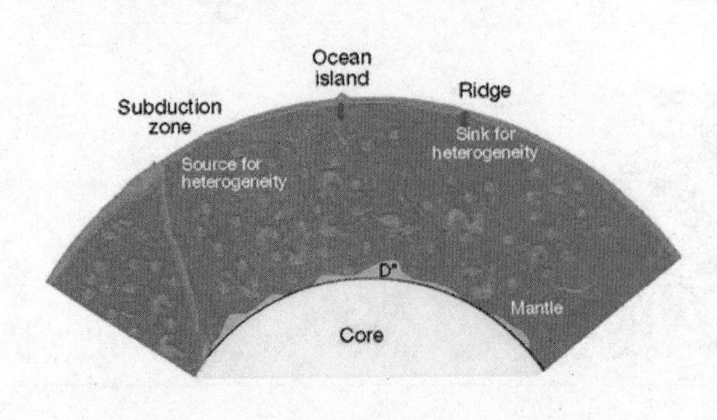

地　幔

地质学的研究对象是地球。地球包括固体地球及其外部的大气。固体地球包括最外层的地壳、中间的地幔及地核三个主要的层圈。目前，主要是研究固体地球的上层，即地壳和地幔的上部。一般的地质研究必须通过一定比重的野外实际调查，配合相应的室内研究。野外调查和室内研究，构成一次观察、记录（包括制图）采样、初步综合、试验分析、总结提高以至复查验证的完整的地质研究过程。地质学研究在实质上都是对其研究对象的一次综合性调查研究过程。

在这一章里，我们就来一起谈一下地质学的相关内容。

地质学概述

地质学是关于地球的物质组成、内部构造、外部特征、各层圈之间的相互作用和演变历史的知识体系。

地球自形成以来，经历了约46亿年的演化过程，进行过错综复杂的物理、化学变化，同时还受天文变化的影响，所以各个层圈均在不断演变。约在35亿年前，地球上出现了生命现象，于是生物成为一种地质应力。最晚在距今200～300万年前，开始有人类出现。人类为了生存和发展，一直在努力适应和改变周围的环境。利用坚硬岩石作为用具和工具，从矿石中提取铜、铁等金属，对人类社会的历史产生过划时代的影响。

随着社会生产力的发展，人类活动对地球的影响越来越大，地质环境对人类的制约作用也越来越明显。地质作用强烈地影响着气候以及水资源与土壤的分布，创造出了适于人类生存的环境。这种良好环境的出现，是地球大气圈、水圈和岩石圈演化到一定阶段的产物。同时，地质作用也会给人带来危害，如地震、火山爆发、洪水泛滥等。人类无力改变地质作用的规律，但可以认识和运用这些规律，使之向有利于人的方向发展，防患于未然。如预报、预防地质灾害的发生，就有可能减轻损失。如何合理有效地利用地球资源、维护人类生

岩　石

存的环境，已成为当今世界所共同关注的问题。

随着生产和科学技术的发展，20世纪中叶以来地质学的研究中引入了大量的新技术、新方法，如不同的地球物理勘探方法、地球化学勘察方法、科学深钻技术、同位素地质方法、航空以及遥感地质方法、现代电子计算机技术、高温高压模拟试验等的采用。物理、化学等基础科学新的成就的引用，地球物理、地球化学、数学地质、宇宙地质学等地质科学中边缘学科的进一步发展，推动了地质学的发展，同时使地质学的方法不断地革新。

地质学发展简史

作为一门学科，地质学成熟得相当晚。地质学的研究对象是庞大的地球及其悠远的历史，这决定了这门学科具有特殊的复杂性。它是在不同学派、不同观点的争论中形成和发展起来的。地质学的发展主

要经历了五个阶段。

◆地质学的萌芽时期

这一时期是从远古至公元1450年。人类对岩石、矿物性质的认识可以追溯到远古时期。在中国，铜矿的开采在两千多年前已达到可观的规模，古希腊泰奥弗拉斯托斯的《石头论》都是人类对岩矿知识的最早总结。在开矿及与地震、火山、洪水等自然灾害的斗争中，人们逐渐认识到地质作用，并进行思辨、猜测性的解释。我国古代的《诗经》中就记载了“高岸为谷、深谷为陵”的关于地壳变动的认识；古希腊的亚里士多德提出，海陆变迁是按一定的规律在一定的时期发生的；

火　山

在中世纪时期，沈括对海陆变迁、古气候变化、化石的性质等都做出了较为正确的解释，朱熹也比较科学的揭示了化石的成因。

◆地质学奠基时期

这一时期是从公元1450—公元1750年。以文艺复兴为转机，人们对地球历史开始有了科学的解释。意大利的达·芬奇、丹麦的斯泰诺、英国的伍德沃德、胡克等，都对化石的成因作了论证。胡克还提出用化石来记述地球历史，斯泰诺提出地层层序律。在岩石学、矿物学方面，李时珍在《本草纲目》中记载了200多种矿物、岩石和化石；德国的阿格里科拉对矿物、矿脉生成过程和水在成矿过程中的作用的研究，开创了矿物学、矿床学的先河等。

◆地质学形成时期

这一时期是从公元1750—公元1840年。在英国工业革命、法国大革命和启蒙思想的推动和影响下，科学考察和探险旅行在欧洲兴起。旅行和探险使得地壳成为直接研究的对象，使得人们对地球的研究从思辨性猜测，转变为以野外观察为主。同时，不同观点、不同学派的争论十分活跃，关于地层以及岩石成因的水成论和火成论的争论在18世纪末变得尖锐起来。水成论提出花岗岩和玄武岩都是沉积而成的，并对岩层作了系统的划分。火成论则提出要用自然过程来揭示地球的历史。水火之争促进了地质学从宇宙起源论、自然历史和古老矿物学中分离出来，并逐渐形成了一门独立的学科。在这一时期，有关地球历史的古生物学、

英国工业革命

地层学，有关地壳物质组成的岩石学、矿物学，和有关地壳运动的构造地质理论所组成的地质学体系也开始逐渐形成。

◆地质学的发展时期

这一时期是从公元1840—公元1910年。随着工业化的发展，各工业国家都开展了区域地质调查工作，地质学从区域地质向全球构造发展，并推动了地质学各分支学科的迅速建立和发展。其中重要的有瑞士阿加西等人对冰川学的研究，以及英国艾里、普拉特提出的地壳均衡理论。有关山脉形成的地槽学说，经过美国的霍尔和丹纳的努力最终确立起来。法国的贝特朗提出造山旋回概念，奥格对地槽类型的划分使造山理论更加完善。奥地利的休斯和俄国的卡尔宾斯基则对地台作了系统的研究。

◆现代地质学的发展

这一时期是从公元1910到至今。20世纪以来，石油地质学、水文地质学和工程地质学陆续形成独立的分支学科。同时，由于各分支学科的相互渗透，数学、物理、化学等基础科学与地质学的结合，新技术方法的采用，出现了一系列边缘学科。20世纪50至60年代，地质学研究从浅部转向深部，从大陆转向海洋，海洋地质学有了迅速发展。同时古地磁学、地热学、重力测量也都取得了重大进展。20世纪60年代初，美国的赫斯、迪茨提出的海底扩展理论较好地说明了漂移的机制。加拿大的威尔逊提出转换断层，并创用板块一词。60年代中期美国的摩根、法国的勒皮雄等提出板块构造说，用以说明全球构造运动的基本理论，它标志着新地球观的形成，使现代地质学研究进入了一个新阶段。

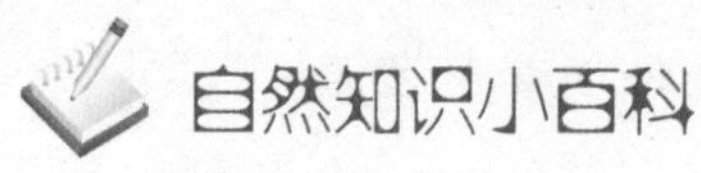

地质年代表

第四纪-全新世-距今1万年

第四纪-更新世-距今250万年

新近纪-上新世-距今1200万年

新近纪-中新世-距今2500万年

古近纪-渐新世-距今4000万年

古近纪-始新世-距今6000万年

新生代-古近纪-古新世-距今6700万年

白垩纪-距今1.37亿年

侏罗纪-距今1.95亿年

中生代-三叠纪-距今2.30亿年

二叠纪-距今2.85亿年

石炭纪-距今3.50亿年

泥盆纪-距今4.00亿年

志留纪-距今4.40亿年

奥陶纪-距今5.00亿年

显生宙-古生代-寒武纪-距今6.00亿年

元古代-震旦纪-距今18.0亿年

隐生宙-太古代 距今>50亿年

地质学分支

至20世纪80年代，地质学已发展成为包含有下列分支学科的理论体系。这些分支学科大体可分为两类：一类是探讨基本事实和原理的基础学科；一类是这些基础学科与生产或其他学科结合而形成的学科。

◆矿物学

矿物学是研究矿物的化学成分、内部结构、形态、性质、成因、产状，共生组合、变化条件、用途以及它们之间的相互关系的学科。

◆岩石学

岩石学是研究岩石的物质成分、结构、构造、形成条件、分布规律、成因、成矿关系以及岩石的演变历史和演变规律的学科。

◆矿床地质学

矿床地质学是研究矿床的特

岩石矿物

征、成固、分布及其工业意义的学科。

◆地球化学

地球化学是研究地球各圈层和各种地质体的化学组成、化学作用和化学演化，探讨化学元素及其同位素的分布、存在形式、共生组合、集中分散及迁移循环的规律的学科。

◆动力地质学

动力地质学是研究各种地质作用，包括引起这些作用的动力在地球各圈层活动的规律的学科。火山地质学、地震地质学、冰川地质学等均属这个学科中有特殊内容的分支。

◆构造地质学

构造地质学是研究地球岩石圈的构造变形，包括断裂、褶皱等各种构造形迹及不同类型构造单元的分布、形成、演化和发展，是从总体上研究地质体的构造在时间上及空间上的发展规律及成固和动力来源的学科。

◆地貌学

地貌学是研究地表形态特征及其发生、发展和分布的规律的学科。又称地形学，是地质学与自然地理学之间的边缘学科。

◆地球物理学

地球物理学是研究各种地球物理场和地球的物理性质、结构、形态及其中发生的各种物理过程的学科，是地质学与物理学之间的边缘科学。地球物理学在狭义上只研究地球的固体部分，又称固体地球物理学；广义的地球物理学还包括对水圈、大气圈的研究。

◆地质力学

物质力学是运用力学原理研究地壳构造和地壳运动规律及其起因的学科。

◆古生物学

古生物学是研究地球历史上的生物界及其进化过程的学科。主要是对保存在地层中的化石的研究。

◆地层学

地层学是研究成层岩石的时空分布规律，包括地层的层序和时代及其地理分布、地层的分类、对比以及它们之间的关系的学科。

◆历史地质学

历史第秩序是研究地球的发展历史和规律，包括地球上生物的进化历史，古沉积相的分析和古地理面貌的复原，以及地壳地质构造和有关地质作用的演变等方面的研究，是一门综合性的学科。

◆古地理学

古地理学是研究地球历史上的海陆分布及其他自然地理特征与发展过程的学科。

◆区域地质学

区域地质学综合一个地区的地质调查成果，研究阐明该地区地质的总体特征，探讨各种地质作用的相互关系的学科。

为了开发利用地下资源及改善和利用地球环境，解决人类社会发展中的实际问题，地质学又形成了既有理论意义又有生产应用价值的下列各分支学科。

◆水文地质学

水文地质学研究地下水的形成、分布和运动的规律，以合理开发地下水、防治地下水的危害，以

满洲龟化石

及利用地下水的化学、物理特征找矿、预报地震和防治地方病、保护环境。

◆工程地质学

工程地质学是以调查研究和解决各类工程建设中的地质问题为任务，包括评价地基的地质条件，预测工程建设对地质环境的影响，选择最佳场所、路线，为工程设计提供可靠的地质依据。

◆环境地质学

环境地质学是研究地质环境质量和人类活动与地质环境的相互关系的学科。

◆灾害地质学

地质灾害学是研究地质灾害的发生、分布规律、形成机制和对人

类的影响及其预测预防的学科。

◆矿山地质学

矿山地质学是以解决矿山开发过程中遇到的地质问题为任务的学科。

此外，还有些自成体系、自有理论、与地质学相辅相成，对地质学的发展有重要作用的技术学科，属于广义的地质学或地质科技的范畴。它们包括：运用物理的、化学的方法去取得野外地质资料的地球物理勘探和地球化学勘查；运用钻探或坑探的手段直接向地下取得地质样品的探矿工程；对各种地质样品进行实验测试的实验室技术；为地质调查提供地形底图并绘制地质图件的测绘学；能在远距离处取得地质资料的航空测量技术和遥感技术以及用于处理地质资料的数学方法和计算机技术等。

矿　山

著名地质学家及成就

◆国外著名地质学家

（1）赫　顿

赫顿，英国著名地质学家。他所倡导的“均变说”为地质科学奠定了一块基石。赫顿早年曾先后学习法律、化学、医学和务农。1768年，赫顿放弃农业，从事地质科学的研究。

18世纪末和19世纪初，科学界普遍采用了推理的观念，赫顿进行了认真观察和推演，他认为在地表看到的岩石是由一系列灾变事件所产生的这种风行一时的看法不可相信。相反，他认为，由于内力作用，某些地区可能上升，然后遭受侵蚀，而另一些地区可能下降，成为沉积物淤积的盆地。关于地球表面的岩石到底是怎样形成的，在他之前已有魏尔纳的“水成论”。水成论者认为所有岩石都是在一个全球性的大洋中形成的。赫顿则不这样认为，他通过审慎的观察和推理，认为玄武岩和花岗岩曾经是熔体。熔体发生侵位后来到了地表，这些岩石是火成的而不是水成的，赫顿因此成为“火成论”的代言人。火成论的提出，产生了运动的地球的观念，这就为现代地质学的产生奠定了基础。

1785年，赫顿在英国爱丁堡皇家协会上提出了“均变说”。他认为现代地质过程在整个地质时期内，以同样方式发生过，并且基本上有相同的强度。根据“均变说”

能够用现在观察到的现象去解释过去的地质事件。1788年，赫顿又发表了《地球论》，对陆地形成、消失和再生的规律进行了探讨研究。以后，他抱病修改他的旧作，《地球论》分二册重版。书中列举许多例证，证实了他的论点。

玄武岩

（2）史密斯

史密斯，英国著名的地质学家。1769年3月23日生于牛津郡，1839年8月28日卒于北安普顿。1804年任地质工程师，1835年获爱尔兰都柏林大学特林尼蒂学院法学博士学位。1787年起成为测量员学徒，开始了他的地质生涯。史密斯是世界上第一个按照沉积岩中所含动物和植物化石来决定地层顺序的人。

1793—1799年，史密斯参加了开凿运河的测量与调查工作。当时蒸汽机尚未发明，开凿运河对交通运输起着重大作用。在这项工作中，他逐渐发现地层的结构是有规律的，每一层都含有其特殊的化石。1799年他公布了自己绘制的巴斯地区的地层结构图和测定地层的方法。1804年赴伦敦，从事化石收集和绘制地质图的工作。1815年，史密斯终于完成了划时代的杰作《英格兰和威尔士地质图》。1819—1824年，史密斯又绘制了许多地区的地质图。

史密斯不仅具有敏锐的观察力

而且善于通过观察进行分析综合。他在发现不同的地层具有不同的化石之后，就跟踪探索几百英里去仔细观察地层的结构。他所发现的方法至今仍为地质学家所采用。目前英格兰的地质图与他当初绘制的只有细微的改动。他生前获得的荣誉至今不衰，被公认为是“地层学的奠基者”。

（3）李希霍芬

李希霍芬，德国地理学家、地质学家，近代早期中国地学研究专家。1833年5月5日生于普鲁士上西里西亚卡尔斯鲁赫，1856年毕业于柏林大学。李希霍芬曾任柏林国际地理学会会长、柏林大学校长、波恩大学地质学教授、莱比锡大学地理学教授等。1905年10月6日李希霍芬逝世于柏林。

李希霍芬早年曾研究蒂罗尔和阿尔卑斯山脉地质，成功地建立了南蒂罗尔的三叠系层序。他对喀尔巴阡山、多洛米蒂山和特兰西瓦尼亚区域地质的研究也卓有成效。1868年9月，李希霍芬到中国进行地质地理考察，用了将近 4年的时间，走遍了中国14个省区。回国之后，从1877年开始，他先后写出并发表了五卷并带有附图的《中国——亲身旅行的成果和以之为根据的研究》。这套巨著是他4年考察的丰富实际资料研究的结晶，对当时及以后的地学界都有重要的影响。他在《中国》第1卷里，以专门的章节论述了中国的黄土，最早提出了中国黄土的“风成论”。他也采集了大量各门类化石，收集了很多各时代地层资料。

他对中国造山运动所引起的构造变形有开创性的研究。他在山东、北京西山、大青山、五台山等地发现了许多褶曲和正断层，在泰岭发现了逆掩构造，在《中国》第2卷中的“中国北方构造图”上，

他画了一条被称为“兴安线”的推断构造线，从兴安岭经太行山，一直达到宜昌附近。他还提出了中国北方有一个古老的“震旦块”，是一个具时间关系的地质构造单元。他在《中国》第2、3卷中，将中国各地火成岩作为地层剖面中的一部分加以描述，如辽东古老的高丽花岗岩，秦岭天台山志留纪花岗岩，南京山地花岗岩、安山岩和玄武岩等。

李希霍芬为中国地质、地理之研究，作了奠基性、开创性的贡献，尤其为当时的中国带来了近代西方地学、甚至整个自然科学的思想和方法，他是近代中国和西方国家科学交流的重要先驱，对近代中国地质学、地理学的产生和发展具有重大影响。

（4）奥　格

奥格，法国地质学家。1861年6月19日生于法国德吕瑟内姆，1897年迁居巴黎，在巴黎大学地质系任教。他一生中最大的成就是对地槽学说的新发展和对地史学研究的奠基性贡献。

19世纪中期，美国学者霍尔和丹纳最早提出了地槽学说，他们主要认为地槽沉积物是大陆边缘浅水中形成的。1900年，奥格发表了重要论文“地槽系和大陆区”，把地槽学说的研究推向了新的阶段。他第一个将地槽和大陆区（陆台）区分开。通过对沉积相的分析，奥格对丹纳等人所谓的地槽沉积物是浅水成因的结论提出怀疑，他认为地槽系不是位于大陆的边缘，而是位于两个大陆之间；地槽沉积不仅包括浅水沉积，而且包括深水沉积（如上述放射虫软泥硅质沉积）。他论证了地槽在沉积物堆积的同时就有上升作用，并把大部分仍处于水下地槽内的上升地区叫做“地背斜”。他进而提出，在第一级原生

大西洋

地槽中，由于地背斜的出现而分出第二级次生地槽，即“地向斜”。他把包括地背斜和地向斜在内的地带称为“地槽系”，以别于“大陆区”。他把全球表层划分为地槽系和大陆区两大构造单元。地槽系按时代先后分为古生代地槽系、中生代地槽系和第三组地槽系，并可在世界地图上予以标示。他认为在地球历史中存在过五个大陆区，即：北大西洋、中国–西伯利亚、非洲–巴西、澳洲–印度–马尔加什、太平洋，各大陆区之间，则是具有深海性质的地槽系。他又借助古生物地理分布论证了地史中曾经存在过的一些古陆，指出太平洋古陆和北大西洋古陆现已沉入海底。

奥格还根据全球地层资料论述了地史中的海水进退规程，他认为地槽系内海水进退与褶皱作用明显相关，地槽系内的地背斜隆起引起旁侧大陆区的海进，相反，地向斜

的沉降引起旁侧大陆区的海退。以后人们称这观点为“奥格法则”。1907—1911年，奥格发表了两卷集《地质学专论》，进一步阐述了关于地槽系的理论。在他生命的最后20年，他完成了三卷巨著《地质学教程》，成为地史学的经典教科书。

◆中国著名地质学家

（1）李四光

李四光，字仲拱，原名李仲揆。世界著名的科学家、地质学家、教育家和社会活动家，我国现代地球科学和地质工作奠基人。从1920年起，李四光担任北京大学地质系教授、系主任，1928年又到南京担任中央研究院地质研究所所长，后当选为中国地质学会会长。新中国成立后，李四光被委以重任，先后担任了地质部部长、中国科学院副院长、全国科联主席、全国政协副主席等职。

李四光的最大贡献是创立了地质力学，并以力学的观点研究地壳运动现象，探索地质运动与矿产分布规律，新华夏构造体系的特点，分析了我国的地质条件，说明中国的陆地一定有石油。从理论上推翻了中国贫油的结论，肯定中国具有良好的储油条件。1956年，李四光亲自主持石油普查勘探工作，在很短时间里，先后发现了大庆、胜

李四光

利、大港、华北、江汉等油田，为中国石油工业建立了不朽的功勋。中国不仅摘掉了“贫油”的帽子，李四光独创的地质力学理论也得到了最有力的证明。

除了创立地质力学之外，李四光还发现了第四纪冰川。从19世纪以来，德国、美国、法国、瑞典等国的地质学家不断地到中国来勘探矿产，考察地质。但是，他们都没有在中国发现过冰川现象。因此，在地质学界，“中国不存在第四纪冰川”已经成为一个定论。可是，李四光在研究蜓科化石期间，就在太行山东麓发现了一些很像冰川条痕石的石头。他继续在大同盆地进行考察，越来越相信自己的判断，于是，他在中国地质学会第三次全体会员大会上大胆地提出了中国存在第四纪冰川的看法。为了让人们能接受这一事实，他继续寻找更多的冰川遗迹。10年以后，他不仅得出庐山有大量冰川遗迹的结论，而且认为中国第四纪冰川主要是山谷冰川，并且可划为三次冰期。1936年，李四光又到黄山考察，写了“安徽黄山之第四纪冰川现象”的论文，此文和几幅冰川现象的照片，终于使外国科学家公开承认“中国存在冰川”这一事实。

中国冰川海螺沟

（2）李　捷

李捷，中国地质学家。1916年毕业于农商部地质研究所。曾任中央研究院地质研究所研究员，湖

北省矿产调查队队长，河北建设厅厅长，地质部水文地质工程地质局总工程师，水利部勘测设计管理局地质总工程师，水电建设总局副总工程师等职。早年李捷在华北、鄂北、豫南、陕南从事区域地质矿产调查。他是周口店北京猿人发掘工作最早的主持人，1927年著有《周口店之化石层》等文。30年代他先后在湖南、广西、贵州、湖北和江西等省进行地质矿产调查。为中国早期地质事业的发展作出了贡献。他在《鄂西第四纪冰川初步研究》一文中划分了鄂西山区的冰期，至今仍被沿用。1949年以后，他主要从事水利电力建设中的工程地质工作，为国内众多水库、水坝、水电站的建设作出了贡献。他的主要著作有：《直隶易、唐、蔚等县地质矿产》《秦岭中段南部地质》《广西罗城黄金寺附近地质》和《河南陕县三门峡第四纪冰川遗迹》等。

（3）赵金科

赵金科，地质学、古生物学家。河北曲阳人。1932年毕业于北京大学地质系。中国科学院南京地质古生物研究所名誉所长、研究员。20世纪30年代，赵金科提出震旦纪地槽呈环状分布于极区泛大陆周围和内部的理论。30年代后期对广西西部开展区域地质调查，证实地质力学理论阐述的广西山字型构造的位置及形迹。40至50年代，赵金科研究头足类化石和二叠、三叠纪地层，取得突破性进展。晚年赵金科领导并具体参与对华南二叠系最高层位长兴阶的层型以及二叠—三叠系界线层型的专题研究，并取得了丰硕成果。

（4）谢家荣

谢家荣，地质学家，矿床学家，1898年7月生于上海，1966年逝世于北京。1913—1916年，谢家荣在农商部地质研究所学习。毕业后进农商部地质调查所工作。由于工作颇有成就，谢家荣被派送美国留学，1920年获威斯康星大学理学（地质）硕士学位。回国后，谢家荣任农商部地质调查所、两广地质调查所技师、技正，并任北京大学兼职教授和中央大学、中山大学教授。

谢家荣在矿床学方面造诣尤深。他博学多才，有著述400余种，其中在矿床学领域，涉及煤、石油、天然气、铝土矿、磷、铁、锡、铜、铅、锌、黄铁矿、铀等诸多矿种，他的《中国铁矿之分类》是我国关于金属矿床分类早期论文，在中国矿床研究史上具有重要意义。在他的领导下，我国于40年代后期发现了安徽淮南八公山煤田，他推断的淮北煤田分布规律和指出的找矿远景，已被证实.他还发现了南京栖霞山铅锌矿及我国第一个三水型铝矿（福建漳浦）。他在研究长江中下游成矿带时，指出江西城门山是有希望的铜矿床，经江西省地质局勘探获得了成功。谢家荣对中国石油所作的理论预测，其中有不少已得到证实，最突出的是华北平原古潜山油田。此外，他还是我国现代岩心钻探工作的先驱。